杨梅优质丰产与气象

——以仙居杨梅为例

朱寿燕　主编

气象出版社
China Meteorological Press

内 容 简 介

本书分为五章，主要介绍了浙江省仙居杨梅生产、气象概况，杨梅生长对气象条件的要求和农业气象指标，以及如何通过土、肥、水管理和整形修剪技术，改善杨梅生长环境，最后总结了部分杨梅生产管理的实用技术。

本书图文并茂，内容上注重理论与生产实践的结合，不仅注重试验研究总结，更注重生产上的重演和对梅农的示范应用，适合广大梅农和县、乡(镇)农林技术人员，农业、气象科研和种植主体等生产、管理、服务人员及各级领导参考。

图书在版编目（CIP）数据

杨梅优质丰产与气象 ： 以仙居杨梅为例 / 朱寿燕主编. -- 北京 ： 气象出版社， 2024. 5. -- ISBN 978-7-5029-8283-6

Ⅰ. S667.6

中国国家版本馆 CIP 数据核字第 2024A7P632 号

杨梅优质丰产与气象——以仙居杨梅为例

Yangmei Youzhi Fengchan yu Qixiang——yi Xianju Yangmei wei Li

出版发行：气象出版社

地　　址：北京市海淀区中关村南大街 46 号　　**邮政编码**：100081

电　　话：010-68407112(总编室)　010-68408042(发行部)

网　　址：http://www.qxcbs.com　　**E-mail**：qxcbs@cma.gov.cn

责任编辑：王　迪　　**终　　审**：张　斌

责任校对：张硕杰　　**责任技编**：赵相宁

封面设计：楠竹文化

印　　刷：北京中石油彩色印刷有限责任公司

开　　本：787 mm×1092 mm　1/16　　**印　　张**：6.5

字　　数：170 千字　　**彩　　插**：1

版　　次：2024 年 5 月第 1 版　　**印　　次**：2024 年 5 月第 1 次印刷

定　　价：50.00 元

编委会

主　编：朱寿燕

副主编：戚行江　朱水星　沈伟兴　沈青山

编　委：林万春　林　健　周嘉涵

前 言

优质丰产是农业系统工程的目标。农业生物、农业环境、农业技术和农业经济是农业系统工程的核心。农业生物是载体，选择、培育优良品种是优质丰产的基础；农业环境是完成优质丰产的必要条件；农业技术是对农业环境的改良和实现；农业经济是完成农业系统工程的最终目的。在目前还不能有效影响天气的今天，农业生物要选择适应当地气候的品种。气象是农业环境的主要组成部分，也是农业技术调节的对象，还是实现农业经济的主要影响因素，如元朝王桢的《农书》中指出“九州之内，田各有等，土有差，山川之阻隔，风气不同，凡物之种，各有所宜”，说明生物、气象、土壤等因子在农业系统工程中的地位和作用。

杨梅生产发展到今天，已从单纯的数量型生产，发展到以追求优质高产及其商品化为目标的全面优质型的规模化生产。气候对杨梅生产的影响是相对长期的，是影响其生存环境和分布范围的决定因素。气象对杨梅的影响是即时的、迅速的、显效的，是关系其产量品质的关键因素。可以说，所有的栽培管理措施是围绕改善杨梅群体、个体的生长环境而展开的。通过施肥、浇水，改良土壤环境的营养供应条件、水分条件、通气条件和土壤微生物条件等，合理密植、树型修剪、花果控制，都是为了改善杨梅生长的光照条件、温度条件、湿度条件和二氧化碳条件，以创造更利于光合作用的环境，为优质丰产的商品产量提供充足营养。

本书作者长期从事杨梅生长观测、试验研究和生产指导，探索杨梅物候期的变化规律，果实生长的起点温度，果实开采期的预测，总结杨梅对生态气象条件的要求和农业气象指标体系，以及如何通过栽培管理技术，改善杨梅的生长环境，实现优质丰产，最后通过采摘天气指标的预报服务，实现杨梅商品价值的最大化。

全书共分 5 章，主要介绍了仙居杨梅生产、气象概况，杨梅生长对气象条件的要求和农业气象指标，以及如何通过土、肥、水管理和整形修剪技术，改善杨梅生长环境，最后总结了部分杨梅生产管理的实用技术，可供农业、气象、科研和种植主体等生产、管理、服务人员及各级领导参考。

本书作者总结了多年来从事杨梅生产、管理和服务的经验，邀请了全国杨梅首席专家全程指导，并得到浙江省气象局、浙江省农业科学院、台州市气象局、仙居县气象局、仙居县农业农村局领导的关心和支持。在这里向所有关心支持本书出版的领导和同志致以衷心感谢。由于目前尚未有杨梅气象方面的专门论著可资借鉴，加上时间仓促，不足之处在所难免，敬请各位读者在具体生产实践中进行验证、修正和推广。

作者

2024 年 2 月

目　录

第1章 仙居杨梅生产和气象概况

杨梅系杨梅科(Myricaceae)杨梅属(*Myrica*)常绿小乔木,明代李时珍《本草纲目》说“其形如水杨子,而味似梅”,故称杨梅。我国是杨梅主产国,日本、印度、越南、欧美也有少量栽培,但因果形小、味差,常栽于庭院作为观赏或糖渍后食用。杨梅是广大消费者非常喜爱的特色水果,风味独特,宋代苏东坡有佳句“西凉葡萄闽广荔枝,未若吴越杨梅”。随着现代食品科学研究的深入,《本草纲目》记载的杨梅具有生津、止渴、调五脏、涤肠胃、除烦愦恶气等功能已得到科学验证。近几十年来,仙居杨梅产业取得了高速发展,主要体现在古杨梅树保护、新基地发展、新品种引进、果品商品化处理、杨梅综合利用、产品营销产业不断完善等方面,而以杨梅为媒介的休闲农业、观光农业、文化产业也在快速发展。因此,杨梅已成为农民致富、农村繁荣的支柱产业,成为开启金山银山的金钥匙,挑起了共同富裕和乡村振兴的重担。

杨梅树性强健,耐旱又耐寒,病虫害少,易于管理,经济寿命长,是山区农业脱贫致富的绿色银行。杨梅树冠整齐、姿态优美、枝繁叶茂、四季常青,是绿化造林、美化环境的好树种。杨梅根系与放线菌共生形成根瘤,能吸收利用天然氮素,在瘠薄的山地也能健康生长,不与其他作物争良田。杨梅苗木定植不需全垦,其树叶不易燃烧,是治理山地水土流失,调整林种结构,减少森林火灾,防止森林病虫的先锋树种。因此,因地制宜发展杨梅生产具有良好经济效益、生态效益和社会效益。

1.1 仙居地理经济概况

仙居地处浙江东南丘陵山区,界于28°28′14″—28°59′48″N,120°17′06″—120°55′51″E之间,东濒临海,西接缙云,北靠天台、磐安,南连永嘉、黄岩。境内东西长约63.6 km,南北宽57.6 km,总面积1996.09 km^2。

仙居属多山地区,山地面积为243.48万亩①,占该县总面积81.32%;平原55.93万亩,占该县总面积18.68%,其中溪滩12.84万亩,占该县总面积4.28%。全县耕地面积26.22万亩,占该县总面积8.76%,素有“八山一水一分田”之称。

仙居的山脉是括苍山系的分支,主体山脉都是由西向东蜿蜒,近东西走向。括苍山脉从丽水延伸到仙居,入县后又分南北中三支分脉包围仙居县,再向东北伸入天台、临海,构成了南北

① 1亩≈666.67 m^2,下同。

两翼山丘地带。其中北支分脉由黄瑜山至长埠山、谷坦山、马崇岭、青尖山向东至大雷山；南支山脉由永嘉山至上井山、连界碑岭、万岩山至东南主峰括苍山；中支分脉由景风岩、万竹山、万金岩、石龙岩接南支。境内千沟万壑，山峦重叠，奇峰突起，海拔在 1000 m 以上的高峰就有 109 座，其中与临海交界的括苍山主峰（米筛朗）海拔为 1382 m，为境内最高峰。

仙居的平原地区为河谷小盆地，永安溪由西向东贯穿，流入临海，县境内全长 113.75 km。永安溪较大支流有四条：(1)朱溪港河，长 48.4 km；(2)十三都坑河，长 40.8 km；(3)北岙坑河，长 38.5 km；(4)九都港河，长 26.4 km。这些支流都是从南北两边向永安溪汇集，把南北山区分割成数十条溪坑峡谷（图 1.1）。因此，仙居许多山都是相对高度较高，坡度较陡。

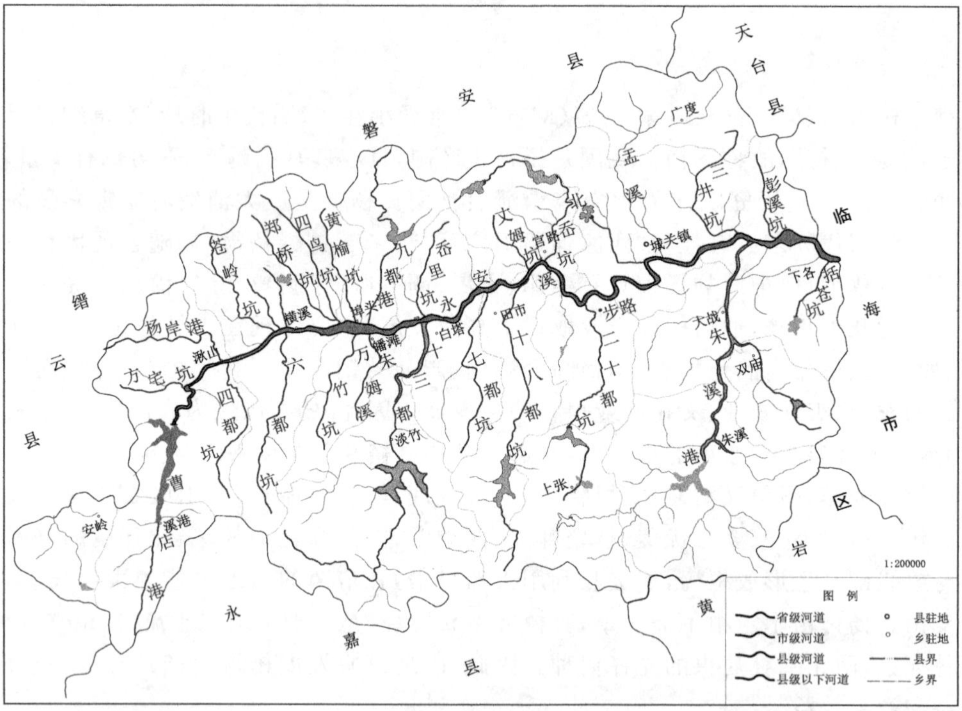

图 1.1　仙居县水系图

全县地形从外向内倾斜，略向东倾，其间有大小不等、错落相间的谷地和盆地，其中下各、城关、白塔、横溪 4 个河谷平原面积较大。域内森林覆盖率达 77.9%，生态群落类型多样。

县域地质构造以断裂为主，岩性复杂，岩浆侵入与火山喷发活动频繁。地层为中生代和新生代喷出岩、次火山岩及侵入岩。根据全国第二次土壤普查，全县土壤共分为红壤、黄壤、岩性土、潮土和水稻土 5 个土类，10 个亚类，37 个土属，131 个土种。其中，红壤面积 126294 hm^2，占全县土地面积的 64.6%，分布于全县 700 m 以下的低山丘陵；黄壤 30177.73 hm^2，占 15.4%，分布于 700 m 以上的低中山；岩性土 2942.67 hm^2，占 1.5%，分布于全县沿溪低丘小山上；潮土类 7514.33 hm^2，占 3.9%，分布于永安溪及其支流两岸；水稻土 28493.33 hm^2，占 14.6%，多分布于河谷平原及山垅谷地和山坡台地。

仙居水资源丰富，主要河流为永安溪，全长 116 km，沿溪两岸共有大小支流 38 条，干支流发源地一般海拔 1000 多米，东部出县境地方海拔 20 m 左右，落差大，水流湍急。县内径流主要由降水形成，径流与降水的年际、年内变化基本同步。

1.2　仙居生态气候概述

按《浙江省综合农业气候区划(1987 年)报告》,仙居属海洋性气候和大陆性气候交叠区,既有温暖湿润的海洋性气候特点,又有四季分明、日夜温差大的大陆性气候特征,为杨梅优质丰产带来得天独厚的气候优势。

仙居县所处纬度较低,又靠近东海,气候温暖,降水充沛,日照较足,四季分明,日夜温差大,是较为典型的亚热带季风气候。仙居水、光、热资源充足,资源再生能力强,自然环境优美、生态环境平衡。春季回暖迟、夏季无酷暑、秋季降温快、昼夜温差大。

仙居县年平均气温 18.0 ℃,最冷月为 1 月,历年平均气温 6.6 ℃;极端最低气温−7.9 ℃,出现在 12 月下旬。最热月为 7 月,历年平均气温为 28.9 ℃;极端最高气温 42.0 ℃,出现在 8 月上旬。气温年较差为 22.3 ℃。

常年平均降水量为 1499.9 mm,年最低降水量为 1072.9 mm,年最高降水量为 2005.4 mm。降水主要集中在 3—9 月,占全年总雨量 79.4%,其中 5—6 月是全年降水最多时期。7—9 月是台风干旱期,既受干旱威胁,有时又受台风影响。全年降水日数平均为 158.8 d,最少为 122 d,最多 186 d。雨量呈双峰型分布,前峰为梅雨,后峰为秋雨,降水的空间分布不均匀,南部多于北部,东部多于西部。

全年蒸发量为 1230.7 mm,少于年降水量。

常年平均日照时数为 1657.2 h,但多的年份可达 1965.4 h,少的年份仅 1349.8 h。全年各月中以 7 月、8 月、10 月日照时数为最多,可达 156.2～215.3 h,最少是 1—3 月,只有 98.2～113.1 h。年日照百分率为 44%,日照百分率最大月是 7—9 月,为 50%～60%,最小月为 5—6 月,仅 34%。

全年平均风速不大,仅 1.3 m/s。年极大风速 32.7 m/s。全年各月风向都是以东风居多,这主要与仙居河谷并近东西走向有关。

仙居县霜日数较多,年平均为 36.3 d。无霜期平均是 240 d。

若按候平均气温≥10 ℃、≥22 ℃以及<22 ℃、<10 ℃出现日期分别作为春、夏、秋、冬开始日期,那么仙居县平原地区春、夏、秋、冬开始日期分别是 2 月 25 日、5 月 15 日、10 月 4 日及 12 月 5 日。一年中春季 80 d,夏季 142 d,秋季 62 d,冬季 82 d。显然夏季最长,秋季最短。

1.3　仙居杨梅生产概况

仙居种植杨梅的历史非常悠久,根据浙江省金华市浦江上山文化遗址、余姚河姆渡遗址、仙居下汤文化遗址等地考古发现推测,约在一万年前仙居先民就发现杨梅的食用价值,并将其纳入食谱。仙居有史可查,大规模种植杨梅的记录可追溯到东晋时期,距今约有 1700 年。经过世代相传的技术积累,因地制宜种植体系的不断完善,形成了如今令人叹为观止的杨梅产业。

仙居地处浙江东南,也是浙江省杨梅老产区和主产区,已有 1000 多年栽培历史。《浙江经济统计》记载,1930 年,仙居有杨梅 102 亩,年产杨梅 204 担①。《仙居林业志》(王明生,2005)记载,1965 年,仙居全县有杨梅 543 亩。"仙绿"牌杨梅、"仙"牌杨梅,分别在 1999 年、2001 年

① 1 担=50 kg,下同。

中国国际农业博览会上，荣获“中国名牌产品”。2001 年，国家林业局授予仙居县为“全国经济林建设先进县”，并命名仙居为“中国杨梅之乡”。2002 年，“仙居杨梅”品牌获浙江省国际农业博览会金奖。2015 年，仙居县政府制定出台了《仙居杨梅质量安全监管实施方案》，仙居杨梅栽培面积发展到 13.8 万亩，投产面积达 11 万亩。2018 年，“浙江仙居杨梅栽培系统”获“中国重要农业文化遗产”称号，成为中华人民共和国农业部(今农业农村部)公示的“第三批中国重要农业文化遗产”。同年 12 月，中华人民共和国农业部认定“仙居县杨梅观光带”为“中国美丽田园”。截至 2023 年，全县杨梅种植面积 14.2 万亩，投产面积 13.8 万亩，鲜果产量 12 万 t，鲜果产值 11.2 亿元，占全县农业生产总值近 30%，杨梅全产业链产值 40 亿元，均位居全国第一；“仙居杨梅”品牌价值 24.98 亿元，在农产品区域公用品牌杨梅类中排名全国第一。2023 年 11 月“仙居古杨梅群复合种养系统”又被列入“世界农业非物质文化遗产”。

1.4 仙居杨梅生态环境优势

仙居境内有 109 座海拔 1000 m 以上的群山，成 U 字形环抱着 300 万亩低山缓丘，东南面的括苍山脉配合着 U 字形开口，阻挡了大部分台风的强风危害，带入大量温暖湿润空气和丰沛雨量；西北面的大盘山系又阻挡了干燥的西北寒风；东风暖湿系统，在仙居盆地中形成回流抬升，使永安溪两岸、四周低山缓丘多处于暖湖状态，常生潮湿逆温气层；四周中高山屏障使外部气流的进入时都成下沉气流，使得天气晴朗，光资源充足，为仙居杨梅的优质丰产创造了得天独厚的小气候环境。

1. 仙居东南面高山阻挡台风肆虐。仙居县的东南面是台州市境内最高峰括苍山，阻挡了绝大部分台风带来的狂风暴雨，受台风影响产生的极大风速、年平均风速等，在仙居附近地区则是其相对较小值中心，明显比东边的临海、黄岩、慈溪等地小，因此大风损害对仙居杨梅的损害明显较低(图 1.2，图 1.3)。

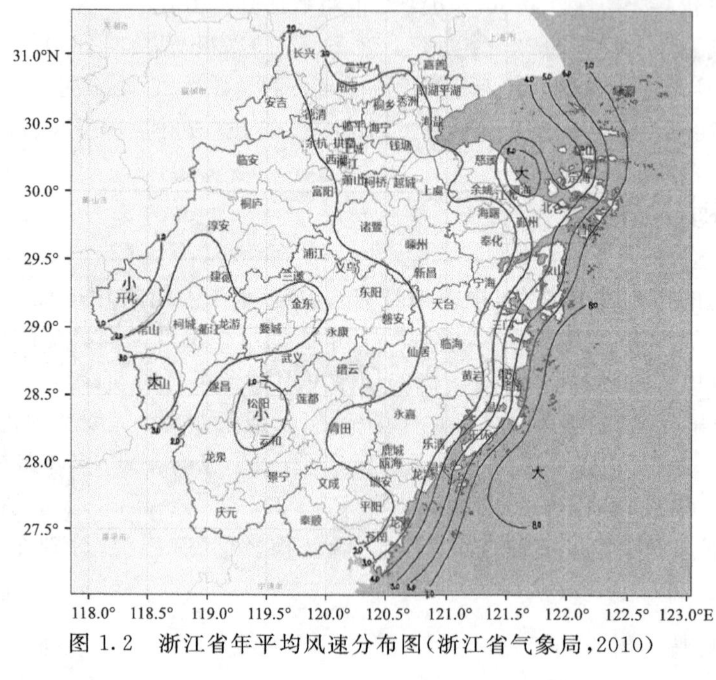

图 1.2 浙江省年平均风速分布图(浙江省气象局，2010)

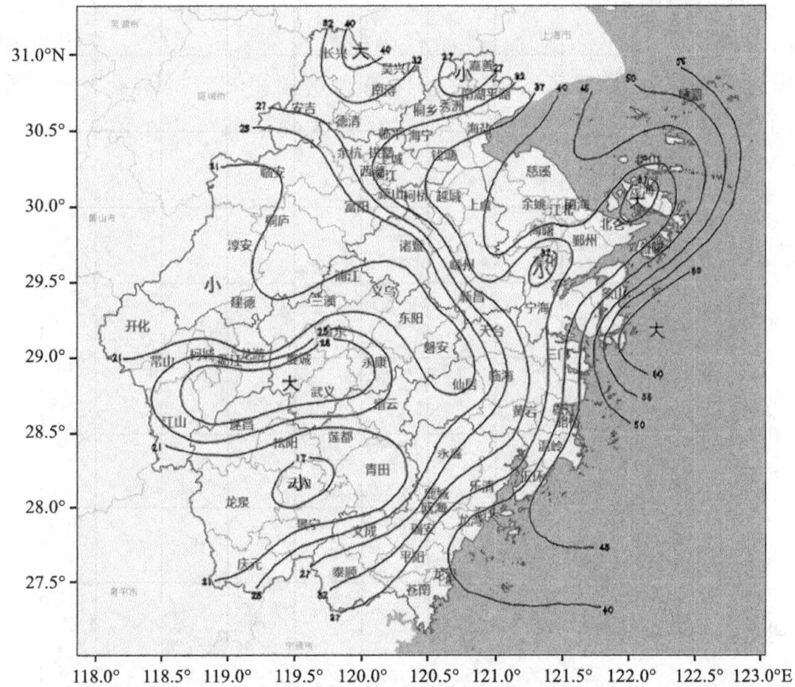

图 1.3　受台风影响的极大风速分布图(浙江省气象局,2010)

2. 仙居西北面高山减弱寒潮入侵。仙居西北面有黄瑜山、长盘山、大雷山等海拔为 1100～1300 m 的高山屏障,阻挡着冷空气的长驱直入,使得冷空气进入仙居后强度明显减弱。加上北边地形为朝南坡,冷空气经过北边阳坡的下沉,气温升高,使冷空气降温效果减弱,冬季平均气温、最冷月(1 月)和年极端最低气温比西部的永康、缙云和兰溪高,冷空气危害弱,有利于杨梅的安全越冬(图 1.4)。

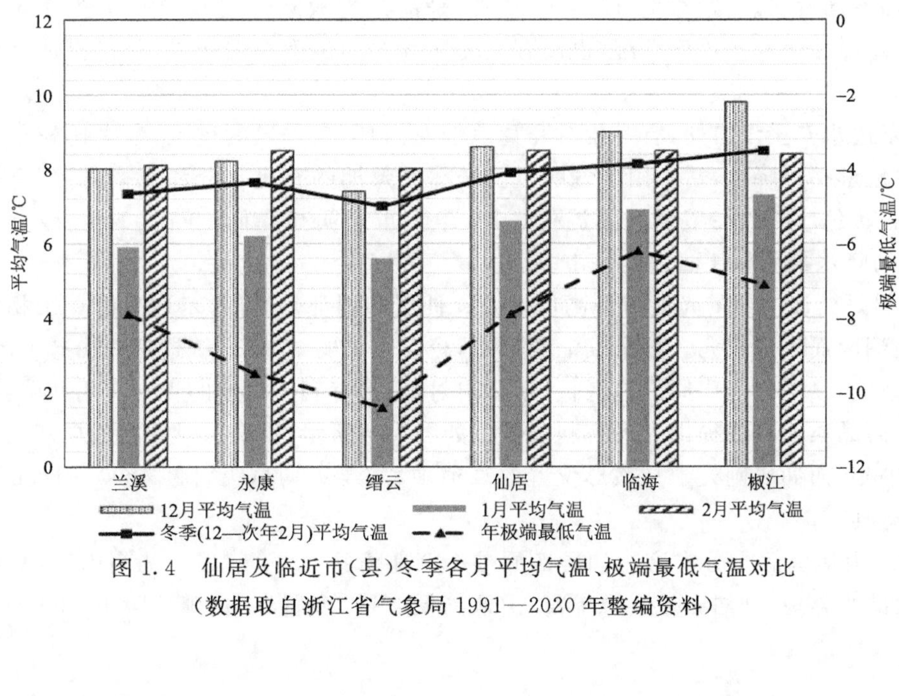

图 1.4　仙居及临近市(县)冬季各月平均气温、极端最低气温对比
(数据取自浙江省气象局 1991—2020 年整编资料)

3. 仙居地处“江南梅雨带”南缘。从南北方向看，仙居地处中亚热带中部，有相对丰富的光照条件，是“江南梅雨带”的南缘地带，既没有典型梅雨期长时间的连续阴雨和集中降水，又有副热带高压边缘多雷阵雨的充沛雨量，为杨梅果实发育和转色提供最有利的温、光、水条件。如图 1.5 所示，仙居附近是梅雨汛期一次连雨过程最大降水的一个小值中心。

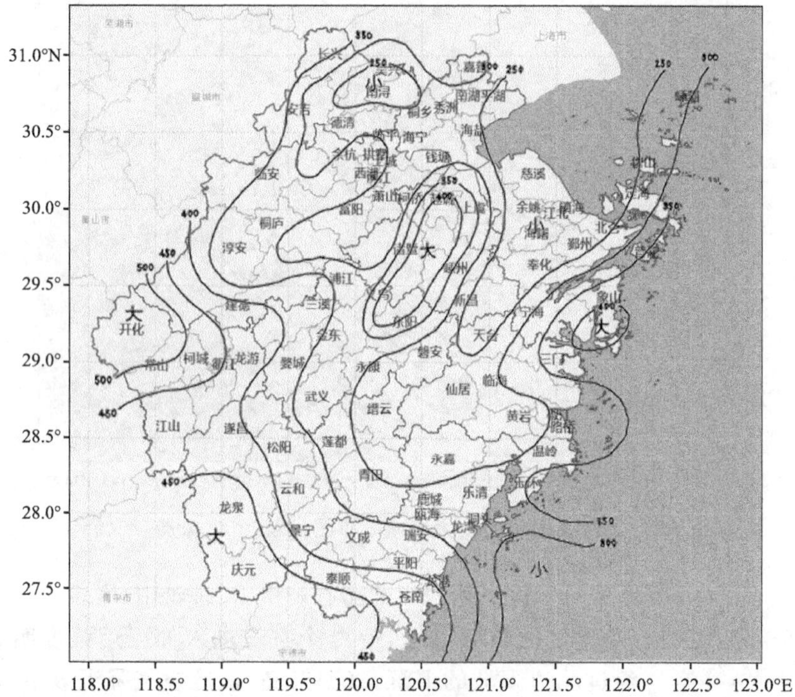

图 1.5　浙江省梅雨汛期一次连雨过程最大降水量分布图(浙江省气象局，2010)

从东西方向看，仙居距东海 100 km 左右，是浙江省大陆性气候和海洋性气候的交叠地区，既没有海洋性气候的过度潮湿，也没有大陆性气候的过度高温干燥，是杨梅适宜生长的天然之地。

仙居东边永安溪出口处，有一相对开阔地带，有利于夏季风的进入，带来比较丰富的暖湿气流，产生地形抬升降水，雷阵雨天气明显。杨梅成熟期的充足水分和充裕光照，有利于杨梅养分积累和转色成熟。在盛夏的高温伏旱期，旱情也会明显降低。如图 1.6 所示，仙居夏季(7—9 月)的降水量明显比西边的县市多。

4. 仙居是浙江中部的光能资源高值中心。仙居四周都是高山，东边只有一个相对狭小的出口，北边朝南而南边朝北。热空气汇聚其中，冷空气削弱，东风系统过括苍山脉下沉，使得背风坡雨势减弱，日照时间比周围地区长，年总辐射量大，有利于植物的光合作用和营养制造、积累，为杨梅高品质的形成提供先天有利条件。如图 1.7 所示，年日照时数在仙居四周四个方向都有低值中心，而仙居则处于马鞍形位置的高值中心，年平均总辐射量 4800 GJ/(m^2 · a)，大于四周所有县市。

5. 仙居山地资源十分丰富。仙居四周被 109 座海拔 1000 m 以上的高山环抱，中间大部是中、低山的小盆地，仙居山地资源丰富，山地高低交错，多属红、黄壤丘陵山，土层深厚，经过

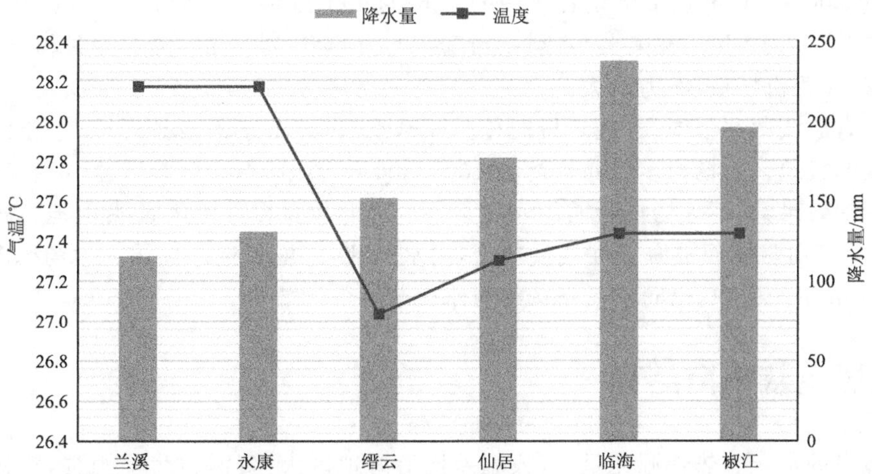

图 1.6　仙居及邻近市(县)夏季(7—9 月)平均气温、平均降水量对比
(数据取自浙江省气象局 1991—2020 年整编资料)

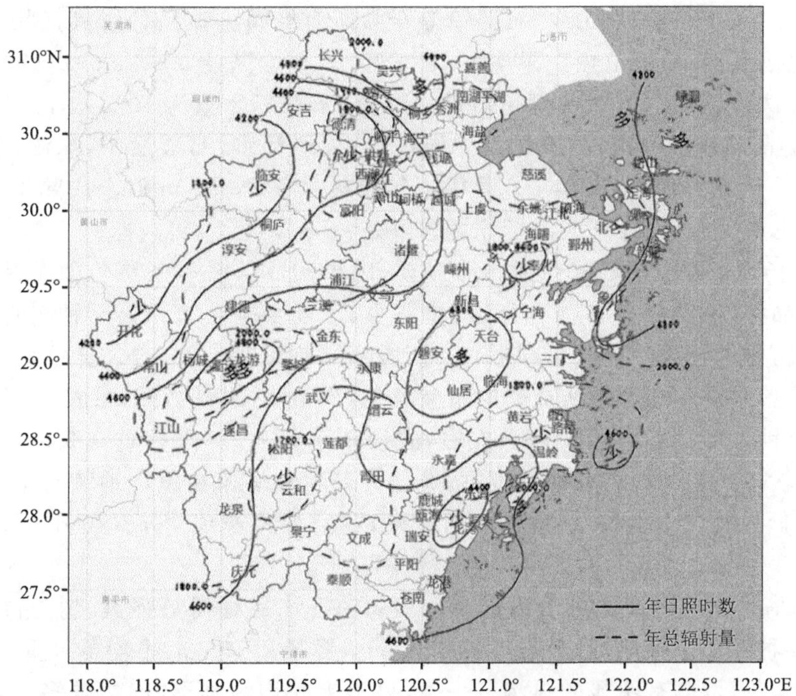

图 1.7　浙江省年总辐射量、日照时数分布图(浙江省气象局,2010)

改造通透性好,微酸性,肥力水平高,杨梅在此生长非常适宜。

杨梅最喜土层深厚、土质松软、排水良好、富石砾的黄砾泥或黄泥砂土,pH 值 5.5～6.5 最宜。仙居县总面积为 199609 hm^2,海拔 250 m 以下土地面积为 63693 hm^2,其中坡地为 39087 hm^2;海拔 250～500 m 坡地有 64160 hm^2,占总面积的 32%;海拔 500～1000 m 的坡地有 68093 hm^2,占总面积的 34%;海拔 1000 m 以上的土地面积为 3653 hm^2,占总面积的

1.8%。海拔600～700 m以下低山丘陵中的126294 hm^2红壤土和分布于海拔700 m以上的低中山中的30177.73 hm^2黄壤土，分别相当于189万亩和45万亩，都适宜种植杨梅，而仙居目前还仅有14万亩杨梅，潜力巨大。

杨梅根有放线菌共生根瘤，能直接同化空气氮素，宜种植于山坡砂砾地，平原沃地反而不宜。仙居低海拔地区的杨梅多分布在海拔100～300 m矮山，主峰海拔不过400～500 m，既具炎热时的遮阴效果，又不乏杨梅所需的光照条件。地形位置多在近海前沿山地，离海稍远，约100 km，但无高山阻挡而被海洋性气候覆盖，雨水充沛，湿度稳定。仙居高山杨梅多分布于海拔600～800 m中低山中，也同样具备杨梅对水分与湿度的要求。

1.5 仙居主栽杨梅品种

仙居境内的水、光、热资源充足，昼夜温差比沿海地区大，资源再生能力强，对杨梅生长和质量保障具有天然优势。仙居杨梅色美、味甜、汁多、个大、核小、风味独特，而且成熟期早，近年来大多在6月初就可成熟上市。常种植的品种如下。

1. 东魁杨梅。原产地浙江省台州市黄岩区，是仙居最大的栽培品种，主要分布在福音街道、横溪镇、广度乡、步路乡、湫山乡、官路镇等全县所有乡镇。该品种树势强壮，树姿直立，发枝力强，树冠呈圆头形，枝梢节短。果实大，非正圆形，平均纵径3.93 cm，横径3.76 cm，平均单果重25 g，最大可达62 g。果实含可溶性固形物13.4%，糖量为10.5%，酸量为1.10%，可食率为94.8%，品质极佳。肉柱较粗大，先端钝尖，肉厚汁多，甜酸适中，味浓，品质优良。在海拔300 m以下低丘上种植，果实于6月中下旬成熟。海拔300 m以上成熟于7月上、中旬。该品种在仙居已成为主栽品种，成熟期比黄岩早3～5 d。

2. 荸荠种杨梅。原产浙江省余姚市张湖溪，因果实成熟时呈紫黑色似荸荠而得名，是仙居第二大栽培品种，主要分布在福音街道、步路乡、广度乡等乡镇。该品种树势中庸，树姿开张，枝梢较稀疏，树形较矮。果实扁圆形，中等偏小，平均纵径2.65 cm，横径2.70 cm，平均单果重12 g，最大单果重18 g。果实成熟时呈紫黑色，果蒂小，果顶微凹，果底平，果梗细短；肉柱棍棒形，先端圆钝。糖量平均达12.8%左右，酸量0.80%左右；果核重0.5 g，卵圆形，可食率95%。肉质细软，汁多味甜，略有香气，品质极佳。荸荠种杨梅在原产地6月下旬成熟。在仙居300 m以下低丘缓坡上种植，一般于6月上旬成熟，比原产地早7～10 d，固形物含量提高0.5%～1%。

3. 晚稻杨梅。原产浙江省舟山市定海区白泉镇。该品种树势强健，树冠高大，呈圆头形或圆筒形，该品种果实为圆球形，平均纵径2.60 cm，横径2.70 cm，平均单果重12.0 g，果实完全成熟时呈黑紫色，两侧有明显的纵沟各一条，果顶果底均为圆形，肉柔软多汁，有香气，糖量为9.10%，酸量为0.9%，可溶性固形物为12%，核重0.5～0.7 g，可食率为96%。鲜食时肉质细，甜酸适口，汁多有清香，肉核较能分离，极受消费者欢迎。晚稻杨梅果实出汁率达82.2%，且果汁色泽深，并具有清香，是制汁、制罐的良种。晚稻杨梅在原产地于7月初开始采摘。在仙居的低海拔地区种植，于6月中旬成熟，其成熟期接近荸荠种，比原产地提前10～15 d；在中低海拔的高山区种植，成熟期延迟到7月中、下旬，比原产地延迟10～15 d。

4. 仙居铁梅。由仙居本土驯化而来，是规模栽培的传统杨梅品种之一，因果形较为干燥，果蕾带有小刺，入口有刺扎感而得名。主要分布在湫山乡杨岸村。该品种树势强健，树姿开张，树冠半圆形；叶片披针形，全缘；果实圆球形，果色红色；平均单果重 8.7 g，果实肉质稍硬，汁少，味酸甜，品质中等。

5. 仙居水梅。由仙居本土驯化而来，是规模栽培的传统杨梅品种之一，因果形较为水润，果蕾光洁，无小刺而得名。主要分布在横溪镇程岙村。该品种树势中等，树姿开张，树冠半圆头形；叶片披针形；果实圆球形，成熟时果实紫红色，完全成熟时紫黑色；平均单果重 10.4 g，果实硬度适中，品质中等。

第 2 章　仙居杨梅与气象条件

2.1　杨梅的生长特性

1. 芽

杨梅的芽为单芽，有叶芽、花芽之分。通常顶芽和顶芽附近 4～5 个芽能抽枝梢外，其下部的芽都处于潜伏状态，称为隐芽。杨梅枝上的顶芽均为叶芽，着生花芽之节无叶芽。花芽圆形，饱满较大，叶芽比较瘦小。叶芽萌动比花芽迟 15～20 d。杨梅当年生充实的春梢一次枝的腋芽分化为花芽，夏梢的一次枝和春夏梢二次枝的腋芽也都能分化为花芽，夏秋梢或抽发晚秋梢的二次枝、三次枝的腋芽很少能分化为花芽。

2. 叶

杨梅是阳性果树，只有在阳光充足的环境条件下，才能制造更多的碳水化合物(进行光合作用)。因此，在栽培上除了保护叶片，扩大叶面积外，还要改善光照条件，如要清除其他杂树遮阴，并进行科学整形，促进阳光通透，以利于光合作用的旺盛进行。叶的寿命一般 12～14 个月，正常情况下抽发春梢前后，老叶自然脱落的较多，自然落叶一般在 5 月份。如春梢抽生前大量落叶，则往往是由于病虫、干旱或冻害等引起的不正常落叶。

杨梅叶互生，多簇生于枝梢顶端。叶芽萌发后约经半个月开始展叶生长，叶片大小依枝条抽生时期而不同，春梢叶最大，夏梢叶次之，秋梢叶最小。雄株杨梅叶形小，叶的最宽部在先端，叶脉角度常成锐角；雌株杨梅叶较大，叶脉角度也较大。在各品种中，以东魁杨梅叶片最大。

3. 枝

杨梅枝条互生，节间短，分枝常成伞状，木质脆，易断裂。杨梅一年可抽 2～4 次梢，按时间分即：春梢、夏梢、秋梢、晚秋梢；按抽发节次分：一次枝，二次枝，三次枝(春梢一次枝、夏梢一次枝、秋梢一次枝；春夏梢二次枝、夏秋梢二次枝、春夏秋梢二次枝；夏梢秋梢晚秋梢三次枝)；按结果生长特性分：结果枝、营养枝。据调查：东魁杨梅夏梢有 69.6%能成为结果枝，秋梢只有 15.7%成为结果枝。东魁杨梅所结的果实主要在一次枝(占 46.8%)，二次枝(占 53.2%)，而三次枝极少结果。东魁杨梅以中短果枝结果为主，长度少于 10 cm 的短果枝占 97.6%，10～20 cm 占 2.4%，长于 20 cm 极少结果。

由于大多数春梢成为夏梢二次枝(40.8%)和秋梢二次枝(2.5%)，及夏秋梢的三次枝(23.0%)的基枝；而大多数的夏梢则成为秋梢的基枝(73.3%)。而秋梢又很少能成为结果枝，所以生产上促发夏梢生长以抑制秋梢生长，是克服杨梅大小年结果，夺取杨梅丰产稳产的关键措施之一，特别是对东魁杨梅更具特别重要的作用。

东魁杨梅结果枝的顶芽为叶芽，有部分结果母枝在花芽分化的同时顶芽还会抽发晚秋梢或冬梢，消耗营养引起败花，部分结果枝在开花结果的同时能抽生春梢，消耗大量营养，引起落花落果，因此在结果枝数量偏少的年份，要采取适当的控春梢保果，特别是东魁杨梅，初投产树和小年结果树更为重要。

杨梅的结果枝依其性质可分为徒长性结果枝、长果枝、中果枝、短果枝 4 种。

①徒长性结果枝：长度超过 30 cm，其先端着生为数不多的花芽，但开花后多脱落，仅少数结成果实。

②长果枝：枝细瘦，长 15～30 cm，其先端 5～6 芽为花芽，但枝条不够充实，结果率不高。

③中果枝：枝长 5～15 cm，除顶芽为叶芽外，其下 10 余节几乎全为花芽，为最佳结果枝。

④短果枝：枝长 5 cm 以下，最短的仅 1～2 cm，其下全为花芽，结果良好。

在上述 4 种结果枝中，以中、短果枝结果为主，徒长性结果枝和长果枝结果较少。结果枝依品种不同而不同。结果枝占全树总枝数 40%左右时，可望达到连年丰产、稳产；如结果枝数超过 60%时，则大小年结果现象较明显。

4. 根

杨梅根较浅，侧根、须根多，主根不明显，因此 10 a 以上大树也会被大风连根拔起。根系的水平分布约为树冠直径的 1～2 倍，根系最适宜土层深厚，有机质丰富，地下水位较低，通气性好，pH 值在 5.5～6.5 微酸性土壤中生长，70%根系在 5～40 cm 的浅土层中，杨梅根与放线菌共生形成根瘤，杨梅供给放线菌碳水化合物，通过放线菌吸收利用天然氮素，从中获取有机氮化物。据有关资料，4～6 a 生杨梅每株每天能固氮 39.77～306.5 mg，估计年固氮量 3.97～30.65 kg，所以杨梅又被称作氮素加工厂和肥料木。杨梅能在荒山瘠地生长结果，就是因为有固氮菌和杨梅根系共生。浅根有利于接触空气，提高固氮能力。菌根受伤能分泌抑制根系生长的酶，所以杨梅育苗不能在老苗地缺株补植，不能在原穴上进行。

杨梅根系与树生长具有上下对称趋势，树冠高根系深，冠幅大须根多。

5. 花

杨梅花小，单性，雌雄异花且异株，以风为媒介。

雄花有三类，即玫瑰红、红黄型、土黄型，玫瑰红花粉授粉能力最好，红黄次之，土黄差，用玫瑰红授粉树，结果大。

雄杨梅树上生雄花，在一个雄花枝条上最少着生 2 个花穗，最多可着生 60 多个花穗，每节叶腋基部发生一花序。雄花花序，形似圆筒形或长圆锥形，初期暗红，后期鲜红，紫红，每个花穗由 15～36 个小雄花序组成，其形似伞状，每个小花序有 1～6 朵雄花，每朵雄花，约 7000 个花粉粒，但花粉发芽率很低，约 9%，花粉很轻，可被风吹至数千米远，雄花散粉后整个花穗枯萎变为褐色。

雌杨梅树的结果枝上着生雌花穗。雌花序常单生于叶腋，较雄花序短而细瘦，长 5～15 mm，苞片和雄花的苞片相似，密接而成覆瓦状排列，每苞片腋内生 1 雌花，每支花穗有 7～28 朵花。但大部分花朵不会结果，每支花穗通常只结 1～2 个果实，而以顶端 1 颗最可靠，其余的花或果大多脱落。雌花通常具 4 枚卵形小苞片；子房卵形，极小，无毛，顶端极短的花柱及 2 个鲜红色的细长的柱头，其内侧为具乳头状凸起的柱头面。每一雌花序仅上端 1(稀 2)朵雌花能发育成果实。每节叶腋基部生一花穗，杨梅花无花梗，花穗轴就成为顶端1～2个果的果梗。

6. 果实

杨梅品种不同，果实大小不一，目前最大的为东魁品种。果形有正圆形、扁圆形、长圆形和卵圆形等；果实色泽从白色、红色到紫黑色；风味从酸、微酸到甜酸适度；成熟期从早熟、中熟到晚熟。果实的外果皮由柔软多汁的囊状体聚合而成为肉柱，因品种不同而有长短、粗细、软硬之别，这主要决定于品种特性，但也同树龄大小，结果多少，土壤肥瘠，雨水多少，成熟度情况及植株上着果部位向阳还是背阴等有关。其形状有棍棒或针形，顶端有圆钝或尖锐之分。在同一果实上也有尖、钝两种肉柱同时存在，通常果实基部和顶部多尖，腰部多园钝；未熟果肉柱尖，成熟后变圆；向阳面肉柱多尖，背阴面多圆，瘠地和砂土上生产的杨梅肉柱多尖。肉柱圆钝的汁多，柔软可口，风味好；肉柱尖的汁少，风味差，但组织紧密较耐贮运，亦不易腐烂。

杨梅外果皮为柔软多汁的可食部分，内果皮为坚硬的核，核内无胚乳，只有一肥厚、松软、蜡质的大子叶(胚)，贮藏着发芽所必需的养分。

2.2 杨梅对生态气象的要求

2.2.1 杨梅对温度条件要求

(1)总体要求

杨梅性喜温暖，集中分布在我国南方温带、亚热带区域，在长江流域以北，除陕西汉中特殊小气候外，均未见有野生或栽培杨梅。适宜的年平均气温在15～20 ℃，优质丰产杨梅产地的年平均温度大于16 ℃，高于10 ℃的积温为5000 ℃·d左右。在仙居，具有经济栽培价值的年平均温度下限是15 ℃，高于10 ℃的积温为4500 ℃·d，低于限界温度后，则杨梅果小，酸度高，品质差。

(2)低温要求

杨梅是较耐寒的常绿果树，仙居一般在低山或丘陵地带无冻害现象发生，在高海拔和偏北地区即使偶有较长时间的冬春寒流侵袭，也只是晚秋梢有被冻危险，不至于枝干受害或全株冻死，但早春长时间的低温冻雨天气，常对杨梅的枝叶、花器等造成伤害。例如，2008年南方遭遇低温雨雪冰冻天气，浙江省仙居县的高海拔山地杨梅树体严重受冻，主干树皮开裂、枯死，花芽并枯，导致大幅减产，幅度达50%以上，有的颗粒无收。

杨梅花期较核果类果树迟，花器较耐寒，一般年份花期很少受冻，但长时间0 ℃以下低温会推迟杨梅开花进程，如2008年初的低温、雨雪、冰冻天气，使杨梅开花推迟7～10 d。附近有较大型水体调节，冬不过冷，夏不过热，对杨梅生长结果最为有利。

杨梅是喜温暖却又较耐寒的亚热带常绿果树，最适宜的生长气温平均在15～20 ℃，适宜于亚热带湿润气候的山区生长，区域性很强，故有“岭南荔枝，岭北杨梅”之称。

近几十年来的经验表明，杨梅品种之间抗冻能力也有差异。仙居本地产的水梅的抗冻能力要大于荸荠种杨梅，荸荠种杨梅抗冻能力要大于舟山晚稻梅，舟山晚稻梅的抗冻能力要大于东魁杨梅。

(3)高温要求

杨梅怕高温，不耐酷热，忌烈日照射。

刚栽植的幼树，因根系浅，根量少，遇高温(直射光强)使新叶枯焦死亡。导致栽植成活率低下。

花期遇 33 ℃以上高温，会使花期缩短，花丝干枯，坐果降低。据仙居国家基本气象站观测记录，2005 年 4 月 6—10 日，仙居境内日平均气温为 24.4 ℃，最高气温为 33.9 ℃。此时期正是东魁杨梅盛花期，出现边开花，边脱落，结果率极低的现象，光照充足的树冠上部很少有果实。而荸荠种杨梅盛花期是 4 月 1—6 日，此时期的最高气温是 28 ℃，坐果率很高。杨梅果实转色期若持续高温 35 ℃以上会影响果实转色，导致固形物含量下降。成熟期高温，会使果实迅速变软，并出现异味的情况。

2.2.2　杨梅对水分条件的要求

(1)总体要求

杨梅好湿，一般要求年降雨量在 1000 mm 以上，在雨水充足、大气湿润处生长，树体健壮，寿命长，结果多，果实大，品质佳。从浙江杨梅主产区来看，年降雨量在 1200 mm 以上较为适宜。

(2)花期要求

花期要求空气相对湿度＞70％以上，日蒸发量＜6 mm，若遇连续 5 d 以上平均相对湿度小于 70％或平均日蒸发量大于 6 mm，则柱头黏液极易干燥，影响授粉受精，当年产量明显降低。

(3)幼果抽梢期要求

幼果抽梢期一般在 4 月上中旬，是杨梅的幼果形成期和春梢抽发期。此时期雨水多，会促使其春梢无节制地疯长，树体大量营养被春梢抽发而消耗，致使刚成形的幼果大量脱落。根据国家基本气象站观测记录分析，4 月份雨量在 150 mm 左右的，杨梅的生长发育就比较正常。如果雨量超过 180 mm，杨梅幼果的脱落现象就比较严重。

(4)转色要求

6 月上中旬，是杨梅果实膨大和转色期。此时期要求空气相对湿度在 90％以上，空气湿度越大，果实可溶性固形物越高，糖酸比和固酸比也越大。

杨梅转色期要有适度雨水，土壤水分充足，以促进果实迅速肥大，尤其 6 月份的降水量要达到 160 mm 以上，当低于 100 mm 时，则杨梅果小、肉柱尖、汁少，品质差，产量也下降。果实成熟期要求天气多云，有利于转色和增加糖分。采收期连续多雨，导致落果严重，烂果多，品质差，不耐贮运。夏末秋初要求晴朗，以利光合作用和花芽分化。目前我国杨梅园多建于缺乏人工灌溉条件的丘陵坡地，降雨量多少和季节分布是影响杨梅优质高产高效的重要因子。

2005 年 6 月中下旬，仙居持续高温干旱近 20 d，东魁杨梅果实转色很慢。南峰街道赵岙村张锦销，每天傍晚对杨梅树冠喷清水，结果其杨梅色泽鲜艳、肉柱饱满，商品果率明显比没有喷清水的高。说明杨梅果实膨大期对湿度的要求，对于杨梅果实发育良好与否有着直接的关系。

2.2.3　杨梅对光照条件的要求

(1)幼树要求

杨梅幼树较耐阴，山地造林时可利用原有树木和植被侧方庇荫，有利于杨梅幼年期生长，烈日强光照则抑制生长。

(2)成年树要求

杨梅树成年后喜光,需要有足够的光照时间,枝条生长茁壮,有利于花芽分化,坐果率高,果实着色好,品质优;光照不足常生长衰弱,枝细叶小而薄,坐果率低,果实着色不均,品质下降。

(3)对光照品质的要求

从杨梅主产地的树体生长和果实发育看,散射光比例大、日照时数短的地方,树势旺而果形大,品质优良;与其他林木混生的杨梅,产量和品质均优于山岗和空旷坡地,栽在山坞的又比山麓缓坡及孤立小山上的好。

2.2.4 杨梅对风条件的要求

(1)花期要求

杨梅花期微风,有利于雄花粉的散发和传播,从而提高着果率。无风不利于花粉远距离传播,较远的雌株无法接触到花粉;风速过大,花粉易被吹至高空,低空花粉浓度低,也不利于授粉。

(2)成熟期要求

果实采收期要求风速较小,不宜过大;大风引起大量落果,造成减产,也易造成人员伤害。

(3)花芽分化期要求

浙江沿海每年常有台风登陆,造成大树倒伏和枝干断裂,而且杨梅根系浅,树冠高大,枝叶茂密,枝脆易断。

2.2.5 杨梅对土壤、地理环境的要求

(1)对土壤条件的要求

杨梅喜酸性土壤,生长发育需要松软、排水良好、pH 值 5.5～6.5 的微酸性土壤。杨梅是一种浅根系植物,宜在透气性比较好的土壤里生长。因此,杨梅种植在比较瘠薄、排水良好的砂质红壤或黄壤土山地里,生长结果比平坦肥沃的土地里要好。在平坦肥沃的土地里,杨梅易引起树体徒长,落花落果严重,坐果率低,还易引起根腐病。根据有关研究和实验表明,从产量上看,砂黏土＞砂土＞黏砂土＞黏土。从果实品质风味看,砂土和砂粘土的果实风味要优于粘土、黏砂土。从根系生长上看,砂土最发达,砂黏土次之,黏土最差。从树冠发育上看,砂性土中种植物枝干短、树冠矮,黏性土中种植杨梅枝梢纤长、树冠高。

杨梅多栽植在荒山或疏林地上,凡狼箕草、马尾松、映山红生长好的地方,均适宜栽培。据果农经验,凡在生长茅草的低畦地上栽植杨梅,杨梅投产后均生长不良,且易感染杨梅根腐病,栽植在砂砾土(粗粒砂)和土层瘠薄的南坡和山岗杨梅易发生杨梅叶斑病。

(2)对海拔高度的要求

海拔高度对杨梅的成熟期有明显的影响。在海拔 700 m 以内,随着海拔高度增加杨梅成熟期相应推迟。特别是海拔 350～700 m 的中高山地,由于山峦重叠,互相遮阴,散射光多,空气湿度和温度配比合理,更有利于杨梅果实生长发育,果实肉柱柔软多汁,甜酸适口,品质较好。而且由于高山气候调控,杨梅成熟期要比低海拔丘陵迟 10～15 d。因此,海拔高 350～700 m 的中高山区,宜选择种植优良的中熟品种和迟熟品种。而 200 m 以下的低山丘陵应以东魁杨梅为主,适当搭配早熟品种。

(3)对坡向的要求

山地坡向不同,杨梅品质也有差异。一般来说,南坡山地阳光光照强度强,而空气湿度小,可使杨梅果实成熟期提前,杨梅果实的含糖量高,而果形小,易使裸露的杨梅肉柱形成尖刺,因此,质量相对坚硬。北坡则相反,由于散光多,夏季湿度大,所以,杨梅长势强,果形大,质地软,汁液多,风味佳,成熟期也相对延后。

综上所述,园地条件的好坏,品种配置是否合理,对于发展杨梅生产影响深远。因此,将杨梅品种的生长结果习性与当地的自然条件结合起来,综合考虑,可以达到扬长避短的作用。

2.3　杨梅农业气象观测方法

2.3.1　杨梅农业气象观测原则

(1)平行观测原则

平行观测内容包括:观测杨梅生长环境的气象要素;观测杨梅的物候期进程、生长状况、产量形成。

只有对杨梅生长发育状况的观测与其生长环境(包括气象因素、土壤因素、栽培管理措施)同时观测,并对观测记录进行对比分析,才能得出科学结论。

(2)代表性原则

选择能代表当地杨梅生长环境的气候、土壤、地形、产量水平的地块,面积宜在 0.1 hm^2 或以上。包括杨梅观测地段、观测植株和生长环境都应具有代表性。如果选的观测地段面积过小,会出现局地小气候的影响。其中“当地”的范围可指一个杨梅基地、一个乡镇、一个县域、省域等,依研究、分析的范围、目的而定,在后面观测地段和植株选择中都应注意当地的特点。

2.3.2　杨梅观测地段和植株选择

观测地段应选择能代表当地杨梅生长的气象环境、果实品质、产量水平和栽培管理技术的地段,面积应不小于 1000 m^2。如当地杨梅以山地、坡地栽培为主,不能选择平地或山顶;而果实品质和产量水平、栽培管理技术不同,其生长状态、生长早晚都会出现不同,应加以考虑。

在选择观测植株时,应选择当地主栽品种、成年结果树、生长状况良好、结果性能稳定的代表性植株。幼年和衰老树的生长状况不稳定,会导致记录不准确,影响分析和结论。

2.3.3　杨梅农业气象观测项目

(1)气象要素观测

宜选择现有的能代表当地杨梅生长的气象站,或布设一套杨梅园小气候监测站。以前气象数据站点少,一个县只有一个气象站点,现在气象部门增设了大量的区域气象站,其间距基本已在 5 km 以内。我们可以就近选用已有当地气象站点的数据。对于附近气象数据不能满足要求时,可以在杨梅园内布设一套小气候监测站进行专门的观测。气象要素主要包括气温、降雨量、空气相对湿度、风速、风向、气压、太阳辐射,以及土壤温度和土壤相对湿度等。其观测方法、标准等参照《地面气象观测规范》(GB 35221—2017)规定。

(2)杨梅物候期观测

杨梅的物候期主要包括新梢生长期、花序生长期、开花期、幼果期、果实硬核期、果实转色期、果实成熟期。物候期及其观测标准如下。

新梢生长期:新梢出现,茎体长 0.5 cm。分春(立春至立夏)梢、夏(立夏至立秋)梢、秋(立秋至立冬)梢、晚秋(立冬前后)梢进行记载。若存在晚秋梢需进行抹芽,秋梢出现少,或不能成为第二年的结果母枝等现象的,可不作相应物候期的观测记载,但需备注说明。

花序生长期:在雌、雄株的花枝上花芽裂开,有花序粉红露出。分别记载雌、雄花序生长期。

开花期:雌花花瓣展开,雄花散出花粉。分别记载雌、雄花开花期。

幼果期:雌花受精后,可见火柴头大小的毛茸茸幼果。

果实硬核期:果实开始发硬的第一时期。

果实转色期:果实绿色减退,果实开始充水膨大,颜色开始发白。

果实成熟期:果实由白变红至该品种的典型大小、色泽和风味。

杨梅发育期图谱如图 2.1 所示。

物候期是农业气象观测的核心内容。物候期是杨梅生长发育阶段的标志,如在越冬休眠期,杨梅能抗近−10 ℃的低温,而在开花期,0 ℃左右的低温就会受冻;开花期对高温、干燥也极为敏感,如 2022 年因花期遭遇 33 ℃以上的高温,使东魁杨梅的坐果率普遍只有往年的三分之一,造成当年东魁杨梅大减产;而果实成熟期的天气对杨梅的产量和品质会造成直接的影响。准确的物候期观测,才能分析出同期气象条件对其产生的影响程度和成因,从而采取有效、可靠的技术措施,加以避免或改善,从而保障杨梅的健康生长。

(a)雌花花序出现

(b)雄花花序出现

(c)雌花开花

(d)雄花开花

(e)叶芽开放期　(f)展叶期

(g)抽梢期　(h)幼果期

(i)发白期　(j)可采成熟期

图 2.1　杨梅发育期图谱(另见彩图)

(3)杨梅生长量观测

杨梅的生长量主要包括新梢(春梢、夏梢)长度、落花率、落果率、坐果率等。

杨梅生长量观测是观察杨梅长势的主要指标,新梢长度是衡量杨梅树势旺盛程度、树体养分积累的主要指标,是翌年杨梅最主要的结果枝,而春梢的过度生长对当年杨梅果实的营养供应也有着重要影响。春梢过旺是第一期生理落果的主要原因之一。

落花率、落果率和坐果率的观测是提早了解杨梅产量形成和变化的主要指标,如 2022 年的超低坐果率,导致了杨梅严重减产。幼果期 10 d 后,2022 年东魁杨梅的坐果率仅 2%,不到 2021 年同期的四分之一。通过落果率观测,可以提前掌握情况,及时调整管理策略,加强保花保果，对提高产量起到重要作用。落花率和落果率也可以合并观测，统一以开花始期观测的花序数计算。

落花率(R_f)的计算方法见式(2.1)：

$$R_f = \frac{F_1}{F_2} \times 100\% \tag{2.1}$$

式中：R_f 表示落花率；F_1 表示枝条上凋落的花序数；F_2 表示开花始期花序的总数。

落果率(R_g)的计算方法见式(2.2)：

$$R_g = \frac{F_3}{F_4} \times 100\% \tag{2.2}$$

式中：R_g 表示落果率；F_3 表示枝条上掉落的果实数；F_4 表示幼果盛期的果实总数。

(4)杨梅产量、品质观测

杨梅的产量、品质主要包括商品产量、单果重、果实纵径、果实横径、可溶性固形物含量、可食率(表 2.1)。产量、品质要素测定是评价一年来杨梅产量、经济性状的重要指标，是杨梅商品果生产、销售的主要依据。商品产量记录的是采摘销售后的杨梅产量，而品质因素应在杨梅果实成熟的盛期后 3 d 内取样，取样当天完成测定。

表 2.1　杨梅产量、品质要素观测方法

名称	观测方法	单位
商品产量	采摘销售后的杨梅产量	kg
单果重	用电子天平称量 10 个代表性的商品果，取平均值	g
果实纵径	用游标卡尺测量 10 个代表性商品果的纵径，取平均值	cm
果实横径	用游标卡尺测量 10 个代表性商品果的横径，取平均值	cm
可溶性固形物含量	用折光仪糖度仪测定 10 个代表性商品果的可溶性固形物含量，取平均值	%
可食率	计算果肉重(单果重－果核重)占单果重的百分比	%

注：各项结果保留一位小数。

除了以上几项杨梅农业气象观测项目外，还应对生长期内的农业气象灾害和病虫害发生情况进行记载，其标准和特征等在后面章节中介绍。

2.3.4　杨梅农业气象条件鉴定、评价

对一年来的杨梅农业气象观测记录整理汇总，可以形成杨梅农业气象观测报表，并对杨梅生育期间的气象条件进行总结分析，包括全生育期的气候概况，主要物候期光、温、水，以及气象灾害、产量和品质形成等利弊分析，以便为杨梅植株的健康生长提供借鉴，为杨梅产业的可持续发展提供理论依据。

2.4　仙居杨梅物候期与气象条件

2.4.1　仙居杨梅物候期与温度条件

用 100 m 和 700 m 的气温资料，内插出 300 m 和 500 m 的逐日气温，统计出四个不同海拔杨梅试验点，从花芽开裂期到各物候期，荸荠种和东魁杨梅的 0～5 ℃的活动积温和各温度

界限的有效积温。结果表明，两个品种都以大于 3 ℃有效积温的 F 值和有效积温的变异系数最小。也就是说，从开裂期到各物候期间的积温，在各个海拔高度，以大于 3 ℃的有效积温最稳定。

表 2.2 为荸荠种和东魁杨梅大于 3 ℃有效积温及变异系数。

表 2.2　荸荠种和东魁杨梅开裂期至各物候期的大于 3 ℃有效积温(℃・d)及变异系数

物候期	荸荠种杨梅						东魁杨梅					
	100 m	300 m	500 m	700 m	平均	变异系数	100 m	300 m	500 m	700 m	平均	变异系数
初花期	46.0	33.7	52.1	53.5	46.2	0.1948	53.3	62.0	73.5	66.4	63.8	0.1325
盛花期	99.3	93.2	116.1	117.8	106.6	0.1147	125.7	127.7	132.4	124.7	127.6	0.0268
谢花期	171.7	171.0	174.4	177.8	173.7	0.0178	200.3	189.8	188.8	197.2	194.0	0.0289
幼果期	351.3	354.8	344.2	345.4	348.9	0.0143	405.4	374.5	340.1	324.8	361.2	0.0998
发白期	1056.6	1089.7	1089.5	1034.1	1067.5	0.0254	1147.2	1159.1	1159.1	1196.8	1165.6	0.0185
转红期	1193.2	1202.4	1246.0	1243.2	1221.2	0.0224	1265.7	1304.0	1290.7	1321.8	1295.6	0.0182
开采期	1290.7	1329.2	1385.1	1409.7	1353.7	0.0398	1417.8	1430.0	1437.7	1463.5	1437.3	0.0134
结束期	1570.8	1601.1	1631.8	1571.2	1593.2	0.0182	1657.4	1653.3	1646.9	1578.0	1633.9	0.0230

2.4.2　杨梅果实生长的起点温度

统计杨梅各物候期间的平均气温及其与发育天数的相关系数，如表 2.3 和表 2.4。可看出，物候期天数与平均气温基本成反相关，特别是果实生长期，温度越高，果实发育越快。尤其是幼果至发白期的积温与发育天数有很好的线性关系。

表 2.3　荸荠种和东魁杨梅从前一物候期到各物候期间隔天数(d)及变异系数

物候期	荸荠种杨梅						东魁杨梅					
	大棚内	大棚外	300 m	500 m	上乔	变异系数	大棚内	大棚外	300 m	500 m	上乔	变异系数
初花期	5	6	6	6	5	0.0978	6	6	6	6	8	0.1398
盛花期	6	6	6	5	7	0.1179	7	6	5	6	6	0.1179
谢花期	8	6	6	6	7	0.1355	7	6	6	6	5	0.1179
幼果期	19	15	15	14	12	0.1700	19	15	13	10	9	0.3049
发白期	38	42	45	47	50	0.1039	43	43	48	51	55	0.1083
转红期	10	7	6	9	8	0.1976	8	6	8	7	6	0.1429
开采期	8	5	7	7	7	0.1611	8	8	6	7	6	0.1429
结束期	15	14	13	11	7	0.2635	12	11	10	9	5	0.2874
合计	109	101	104	105	103	0.0284	110	101	102	102	100	0.0388

表 2.4　荸荠种和东魁杨梅各物候期间的平均气温(℃)及其与发育天数的相关系数

物候期	荸荠种杨梅						东魁杨梅					
	大棚内	大棚外	300 m	500 m	上乔	相关系数	大棚内	大棚外	300 m	500 m	上乔	相关系数
初花期	10.7	10.7	8.6	11.7	13.7	−0.5547	10.5	11.9	13.3	15.2	11.3	−0.3379
盛花期	10.5	11.9	12.9	15.8	12.2	−0.6453	13.0	15.1	16.1	12.8	12.7	−0.7042
谢花期	12.9	15.1	16.0	12.7	11.6	−0.5541	13.7	15.4	13.4	12.4	17.5	−0.6716
幼果期	15.9	15.0	15.3	15.1	17.0	−0.2671	16.9	16.7	17.2	18.0	17.2	−0.6213
发白期	20.6	19.8	19.3	18.9	18.4	−0.9988	21.2	20.3	19.3	19.1	18.9	−0.8857
转红期	21.0	22.5	21.8	20.4	21.6	−0.7292	23.3	22.8	21.1	21.8	23.8	−0.5086
开采期	23.3	22.5	21.1	22.9	24.2	0.2230	24.3	22.0	24.0	24.0	26.6	−0.6540
结束期	23.7	23.0	23.9	25.4	26.1	−0.9122	24.9	24.8	25.3	26.2	25.9	−0.7088

将表 2.3 和表 2.4 中发白期的间隔天数与活动积温进行点聚图分析，如图 2.2，荸荠种和东魁杨梅的拟合方程分别为：

$$Y=10.686X+381.25(\text{荸荠种})$$

$$Y=10.544X+434.03(\text{东魁})$$

其中，Y 为活动积温，X 为从幼果期至发白期天数，相关系数平方分别为 0.9858 和 0.9125，通过 0.01 的显著性水平。

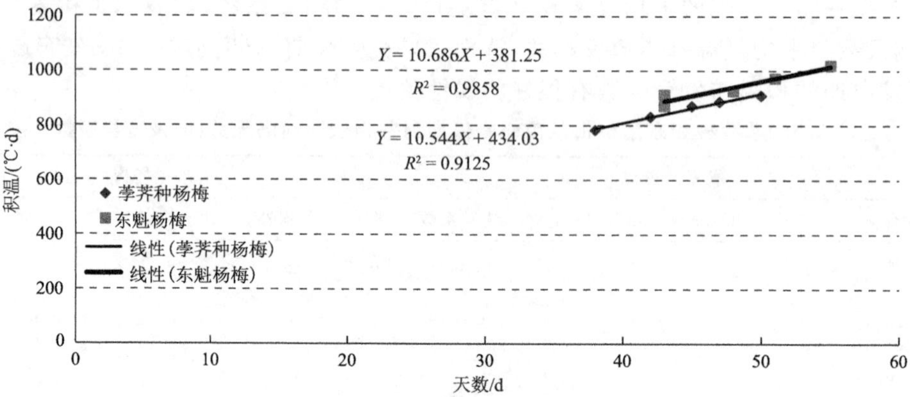

图 2.2　杨梅幼果至发白期积温与天数关系

根据$\sum T=B\cdot d+A$(A 为有效积温，$\sum T$ 为活动积温，d 为物候期天数，B 为起点温度)，与图 2.2 的方程对应，可看出，从幼果期至发白期，荸荠种和东魁杨梅的果实生长起点温度分别为 10.686 ℃和 10.544 ℃；需要的有效积温为 381.25 ℃·d 和 434.03 ℃·d。

2.4.3　杨梅果实生长气象条件

从幼果出现开始，固定枝条，每隔 10 d 左右对荸荠种、东魁杨梅两个品种，大棚内、外及海拔 500 m、700 m 处的杨梅果实的纵横径进行测定，以幼果出现日期为 1，以 x 表示离幼果期天数，作为横坐标，以纵横径的平均为纵坐标，绘制图 2.3。

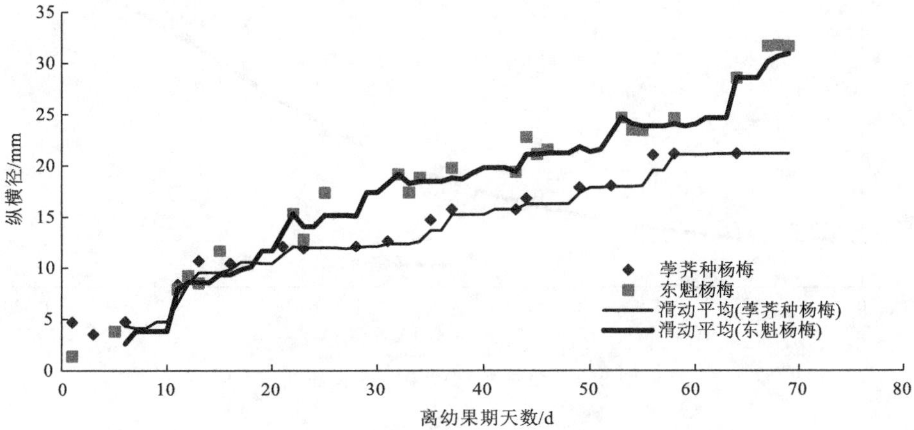

图 2.3　杨梅果实生长曲线

从图 2.3 可见，荸荠种杨梅从幼果出现第 21 至 33 天为缓慢生长期(即硬核期)，之前和之后生长速度均明显较快。东魁杨梅从幼果出现第 23 至 43 天为缓慢生长期(即硬核期)，之前和之后生长速度也明显较快(表 2.5)。

表 2.5　杨梅果实三个发育阶段的持续时间及增长量

项目	荸荠种杨梅			东魁杨梅		
	幼果期	硬核期	膨大期	幼果期	硬核期	膨大期
持续时间/d	21	12	32	23	21	26
增长量/mm	12.1	0.5	8.6	17.0	2.4	12.3

多项式趋势方程为：

荸荠种杨梅：$y=10^{-8}x^6-3\times10^{-6}x^5+0.0002x^4-0.0076x^3+0.1232x^2-0.3063x+4.2306$

$R^2=0.9813, n=19$。

东魁杨梅：$y=2\times10^{-10}x^6-10^{-7}x^5+2\times10^{-5}x^4-0.001x^3+0.0183x^2+0.5708x+0.7442$

$R^2=0.9874, n=25$。

式中：y 为果实的平均纵横径，单位为 cm；x 为离幼果期的天数，单位为 d。

果实增长速度与气温有密切关系。从硬核期后期开始，对杨梅树的南侧和北侧各选 3 个枝条，每 3～5 d 在浙江省仙居县步路乡西炉杨梅园对纵横径、单果重进行测定，将 6 个枝条平均后，单果重如图 2.4。可见前期较慢，后期较快。将单果重增长量与其间的积温、总降水量、总日照时数进行相关分析，如表 2.6，与积温(相当于每天果实重增长量与每日平均气温的关系)相关最好。

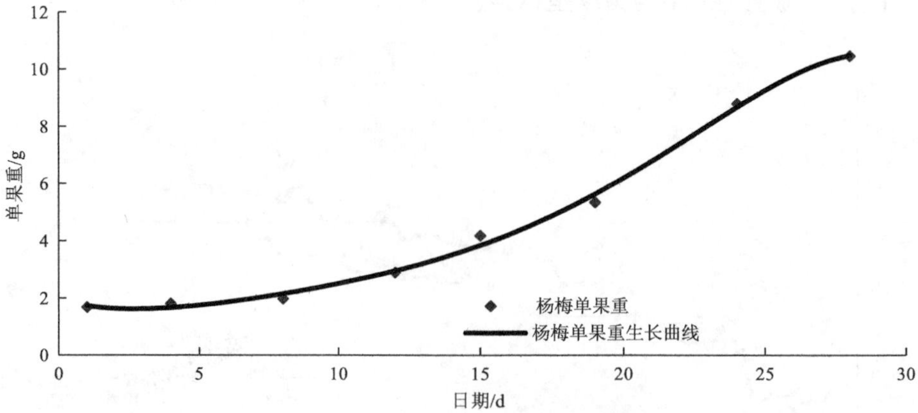

图 2.4　西炉杨梅单果重生长曲线

表 2.6　单果重增长量与气象要素的关系

要素	积温	降水量	日照时数
单相关系数	0.8299*	−0.2616	−0.0841

注：* 表示通过 0.05 显著性检验单相关系数为 0.8299(样本数 $n=8$，通过 0.05 显著性检验临界值为 0.7067)。

将 6 个枝条分开，与积温进行分析，如图 2.5，则达到极显著水平。即在当时气温为 19.8～25.6 ℃，温度越高，杨梅果实膨大越快。而在25 ℃左右，生长速度达到最快，所以在大棚管理中，温度控制在 25～30 ℃，不宜过高。

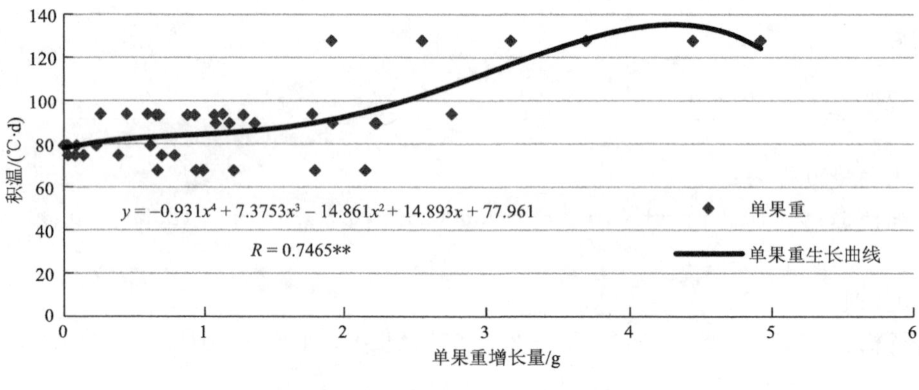

图 2.5　单果重增长量与积温关系

(样本数 $n=48$，通过 0.01 显著性检验临界值为 0.3721)

2.4.4　杨梅采摘期与气象条件

根据杨梅物候期与温度的关系，可以看出杨梅果实发育的快慢主要与积温有关。统计各点各海拔从元旦到采摘期大于 3 ℃的有效积温，如表 2.7，可以看出有效积温非常稳定，变异系数不到 2%。若以采摘期时气温为 25 ℃左右计算，预测采摘期，除大棚内积温偏高外，其误差为 1～2 d。

表 2.7　各海拔杨梅采摘期(d)与大于 3 ℃有效积温(℃·d)

年份	2003 年					2002 年			平均	变异系数
地点	大棚内	100 m	300 m	500 m	700 m	大棚内	100 m	700 m		
荸荠种	1755.2	1582.1	1604.9	1635.7	1658.5	1590.9	1624.3	1662.1	1639.2	0.0168
开采期	6.2	6.8	6.16	6.24	6.29	5.22	6.5	6.25	6.13	
东魁	1944.5	1755.2	1749	1740.4	1777.0	1785.0	1753.6	1782.0	1785.8	0.0185
开采期	6.11	6.17	6.23	6.29	7.6	6.1	6.10	7.2	6.20	

从表 2.7 可以看出，大棚内杨梅所需的积温与自然条件下有显著差异，且是偏多的。大棚内杨梅发育需要较多的积温，可能有以下原因。

(1)大棚内超过 30 ℃气温明显比大棚外多，大于 30 ℃的温度对杨梅的生长发育为无效温度，即温度过高并不能加快杨梅发育。

(2)杨梅同一般的温带水果一样，需要一定的休眠，大棚从元旦开始覆膜，杨梅是否能完全通过休眠期，有待进一步研究。

(3)大棚内杨梅雄枝在大棚中下部，温度偏低，雄花开放时间会偏晚，使棚内幼果期推迟。

针对以上情况：(1)大棚出现 30 ℃气温时，可及时揭膜；(2)覆膜时间不宜过早；(3)大棚内的雄枝应嫁接在大棚中、上部为宜，可促进大棚内杨梅较好生长。

2.5　仙居杨梅的物候期特征及气候影响

2.5.1　仙居杨梅物候期年际变化与气候影响

从 2004 年开始，仙居县气象局对仙居杨梅的主栽品种东魁和荸荠种杨梅进行了正规的农业气象观测。根据 2004—2023 年观测数据统计，杨梅 2 月底至 3 月初进入花芽发育期，4 月中旬开始出现幼果(近年已提前到 4 月初)，5 月底至 6 月初杨梅开始膨大、转色、成熟，8 月份开始进入秋梢生长期。随着气候变暖，仙居杨梅物候期有明显提前的趋势，盛花期从 3 月中、下旬，甚至 4 月上旬，提前至 3 月上中旬或 3 月初。

(1)盛花期的年际变化与气候分析

影响盛花期早晚的气候条件主要是温度，根据前面分析，主要与大于 3 ℃的有效积温有关。早春气温回升早，温度高，则开花提前；温度偏低，气温回升晚，则开花期迟。图 2.6 是仙居国家基本气象站观测的历年东魁杨梅开花盛期与从元旦开始大于 3 ℃有效积温达到 430 ℃·d 的日期。

大于 3 ℃有效积温达到 430 ℃·d，实际相当于达到开花始期的日期，比开花盛期早 5 d 左右。从图 2.6 可以看出，大于 3 ℃有效积温达到 430 ℃·d 的日期可以作为杨梅开花始期的预报日期。例如某天积温已达 400 ℃·d，据天气预测，近 7 d 大于 3 ℃有效积温可达 30 ℃·d，则 7 d 后，杨梅将进入开花始期。

在 2004—2023 年的 20 a 中，开花始期最早出现在 2021 年的 3 月 4 日，最晚出现在 2011 年的 4 月 8 日，相差 35 d，可见气温对开花的早晚影响很大。2004—2014 年的前 11 a 平均开花盛期为 3 月 25 日，2015—2023 年的后 9 a 平均开花盛期为 3 月 14 日，提前了 9 d，可见近年来暖冬现象越来越明显。尤其是 2020 年和 2021 年在 2 月底就开始开花，较历史同期早。

另据试验分析，在早春大棚保温或加温的情况下，出现大于 30 ℃的无效温度，会出现更高的积温。

开花始期的精准把握是做好杨梅花期管理的基础，开花期必须控好温、湿、雨、风等环境条件，保证花期处于适宜的环境中，提高坐果量，是实现高产的基础和先决条件。

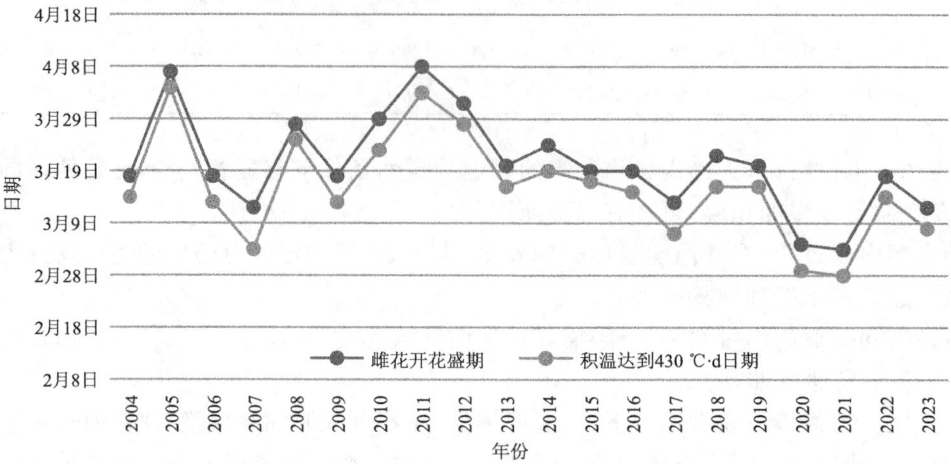

图 2.6　雌花开花盛期与元旦至大于 3 ℃有效积温达到 430 ℃ · d 的日期对比

(2)幼果盛期的年际变化与气候分析

幼果出现的时间不仅与开花时间密切相关，还与雄花是否能及时开放有关。如果第一批雌花能及时授粉，则幼果期会比较早；如雄花开放比雌花偏迟或因天气等原因，第一批花不能顺利结果，以第二批花结果为主，甚至需要大量第三批，则幼果期会明显推迟。图 2.7 是仙居国家基本气象站观测的历年东魁杨梅幼果盛期与从元旦开始大于 3 ℃有效积温达到 800 ℃ · d 的日期。从图中可以看出，大部分年份两条曲线比较吻合，在 2011—2014 年，实际幼果盛期比较早，应该是其他气象条件比较适宜，使开花授粉顺利，幼果快速形成。

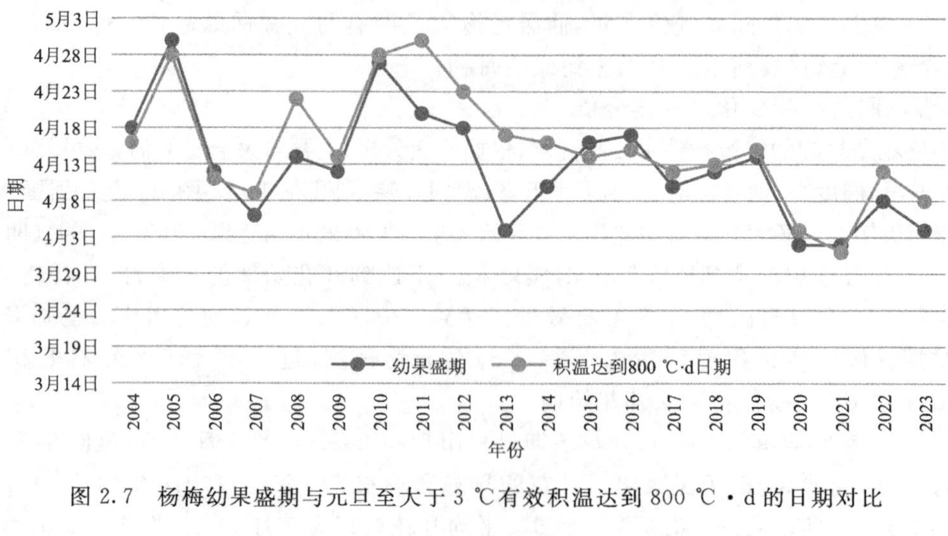

图 2.7　杨梅幼果盛期与元旦至大于 3 ℃有效积温达到 800 ℃ · d 的日期对比

从年际变化看，2004—2012 年的前 9 a 平均幼果盛期为 4 月 17 日，2013—2023 年的后

11 a 平均幼果盛期为 4 月 9 日，提前了 8 d，可见幼果期提早的天数，比开花期提早的天数，在后期会有所缩小。因为在相同的积温中，后期温度提高了，所需要的天数就有所缩短了。

(3)发白盛期的年际变化与气候分析

图 2.8 是仙居国家基本气象站观测的历年东魁杨梅发白盛期与从元旦开始大于 3 ℃有效积温达到 1850 ℃・d 的日期。从图中可以看出，大部分年份两条曲线也是比较吻合，特别是最近 4 a，与积温表现相当一致。

从年际变化看，2004—2012 年的前 9 a 平均发白盛期为 6 月 11 日，2013—2023 年的后 11 a 平均发白盛期为 6 月 4 日，提前了 7 d，可见开花期和幼果期提早的天数，在后期越来越缩小，而且物候期偏早偏晚的波动也小了。

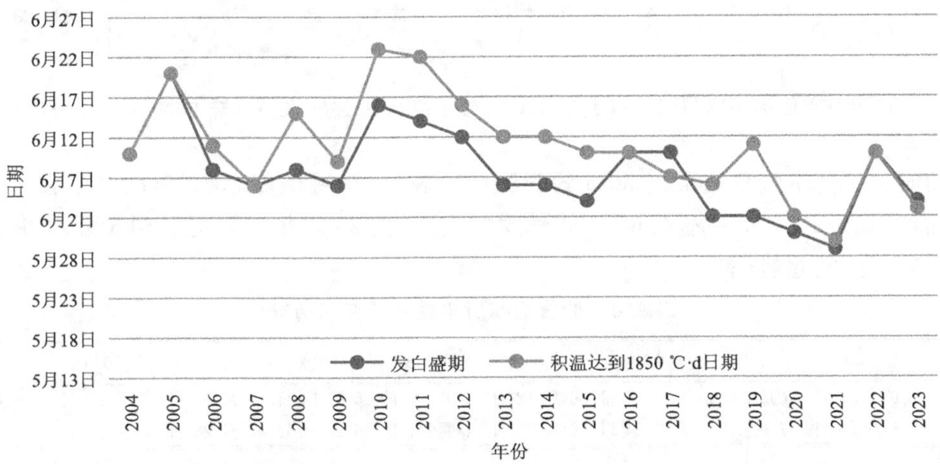

图 2.8　杨梅果实发白盛期与元旦至大于 3 ℃有效积温达到 1850 ℃・d 的日期对比

(4)成熟盛期的年际变化与气候分析

图 2.9 是仙居国家基本气象站观测的历年东魁杨梅果实成熟盛期与从元旦开始大于 3 ℃有效积温达到 1900 ℃・d 和 2000 ℃・d 的日期。有效积温达到 1900 ℃・d 相当于东魁杨梅开始采摘的日期，有效积温达到 2000 ℃・d 相当于采摘盛期的日期。影响果实膨大、着色的气候要素除了气温外，日照也极为重要。

从年际变化看，2004—2012 年的前 9 a 平均成熟盛期为 6 月 25 日，而 2013—2017 年成熟盛期基本都在 6 月 20 日左右，2019—2023 年平均的成熟盛期为 6 月 14 日，分三个阶段，总共提前了 11 d。表明杨梅的成熟盛期提前得非常明显。

杨梅果实膨大需要大量的水分，充足的水分供应是保证杨梅果实增长的关键因素。而杨梅果实着色成熟和糖分积累，则需要充足的光照条件。所以，杨梅成熟采摘期最有利的条件是多云午后有雷阵雨的天气，它既能提供充足的水分，又有充分的光照，进行光合作用，产生足量营养供应。连续的阴雨天气不仅果实难以转色，果实表面的直接水分吸收，极易造成糖度降低。不仅使采摘难度增加，杨梅品质也受影响。

杨梅采摘时间一般安排在早晨和上午，经过一夜的养分输送，果实饱满。早晨采摘的杨梅，一定要用风扇吹干表面的露水和水分，经过冷藏降温，降低果实呼吸消耗，延长保存时间，保留特有风味。而下午采摘的果实，经过中午的高温和阳光照射，表面失水较多，果肉变软，不易保存。

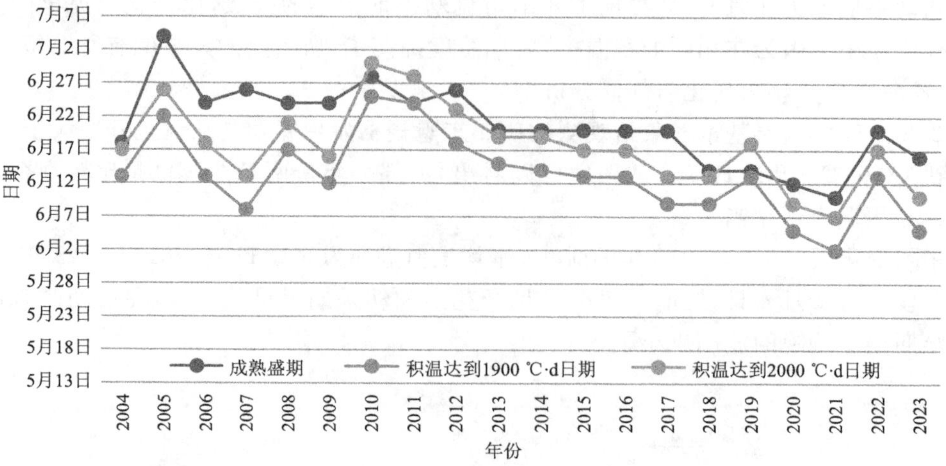

图 2.9 杨梅果实成熟盛期与元旦至大于 3 ℃有效积温达到 1900 ℃·d 和 2000 ℃·d 的日期对比

据仙居国家基本气象站最近 20 a 的观测结果表明，东魁杨梅 2012 年前基本在 6 月 25 日左右成熟，2013—2017 年基本在 6 月 20 日左右成熟，至 2021 年逐渐提早到 6 月 10 日成熟了。荸荠种也有相同的趋势（表 2.8）。

表 2.8 仙居杨梅历年成熟期变化情况

年份	2004	2005	2006	2007	2008	2009	2010	2011	2012
荸荠种	6 月 12 日	6 月 24 日	6 月 18 日	6 月 12 日	6 月 14 日	6 月 14 日	6 月 18 日	6 月 20 日	6 月 16 日
东魁	6 月 26 日	7 月 4 日	6 月 24 日	6 月 26 日	6 月 24 日	6 月 24 日	6 月 28 日	6 月 24 日	6 月 26 日
年份	2013	2014	2015	2016	2017	2018	2019	2020	2021
荸荠种	6 月 14 日	6 月 14 日	6 月 10 日	6 月 10 日					
东魁	6 月 20 日	6 月 20 日	6 月 20 日	6 月 20 日	6 月 20 日	6 月 14 日	6 月 14 日	6 月 12 日	6 月 10 日

2.5.2 仙居杨梅物候期梯度变化与气候影响

仙居杨梅种植在 500 m 以下低山地区，随着仙居杨梅梯度开发和产业化研究和推广，2000 年开始高山杨梅迅速发展，近年随着气候变暖，杨梅又发展到海拔 800 m 的高山地区。

（1）气温随海拔的变化规律

据《仙居县农业气候资源与区划》（1986 年）分析，在仙居①气温随高度降低速率在海拔 330 m 以下比较小，气温直减率为 0.46 ℃/(100 m)，甚至许多时间存在逆温现象，说明在低层热量条件较优；②在海拔 330～600 m 高度，气温直减率为 0.72 ℃/(100 m)；③在海拔 600～1000 m 高度，气温直减率为 0.50 ℃/(100 m)。

（2）降水随海拔的变化规律

仙居县多山，地形复杂，由于地形的抬升作用，降水随海拔高度升高而呈抛物线增加，即中下层随海拔增加降水增多，中上层随海拔增加降水减少。降水量最多出现在海拔 800 m 附近，与《浙江省综合农业气候区划》（1987 年）在全省的分布一致。但各个季节降水随高度增加不一致：①冬季天气系统比较稳定，各海拔降水变化不大；②春季（4 月）热力比较弱，云层高度比较低，在 400 m 以下增加比较明显，平均为 9 mm/(100 m)，400 m 以上几乎不变；③夏季（7 月）热力条件比较强，云层高度比较高，800 m 以下降水增加比较多，平均为 9 mm/(100 m)，800 m 以上不增或略减。

(3)太阳辐射随季节和海拔的分布

①根据《浙江省综合农业气候区划》(1987 年)对杭州和宁波庵东的辐射观测资料分析，年散射辐射占年总辐射的 44%～49%。山区由于多云雾雨，其比值更大些。散射辐射月际变化小于直射辐射，变化平缓，上半年逐月递增，其量多于直射辐射。5、6 月梅汛期最大，下半年逐月递减，其量小于直接辐射。而直接辐射在 5 月有一个小峰值，7、8 月有一个大峰值。总辐射随季节变化与直接辐射一致。

②太阳辐射随海拔高度呈非线性变化。根据天目山南侧的考察资料显示，年太阳辐射在山地中部的 500～1000 m 最少，为 901 kcal①/cm^2 左右，在这一层以上或以下，太阳辐射随高度升高或降低而增加。

(4)坡向对温度的影响

据理论计算，北半球冬季正午时南坡坡度每增加 1°所获得的太阳辐射能，相当于纬度比它低 1°的水平面上的辐射量，而北坡则相反。因辐射的不同，造成南北坡的温度也存在差异。据《仙居县农业气候资源与区划》(1986 年)分析，在较大地形朝南的地方，其气温比同高度的北坡的气温高。年平均气温相同时，南坡所处的高度至少要比北坡高 100 m。

(5)海拔高度对杨梅物候期的影响

海拔高度对杨梅的成熟期有明显的影响。在海拔 700 m 以内，随着海拔高度增加，成熟期相应推迟。特别是海拔 350～700 m 的中高山地，由于山峦重叠，互相遮阴，散射光多，空气湿度和温度配比合理，更有利于杨梅果实生长发育，果实肉柱柔软多汁，甜酸适口，品质较好。而且由于高山气候调控，杨梅成熟期要比低海拔丘陵山地迟 10～15 d。因此，海拔 350～700 m 的中高山区，宜选择种植优良的中熟品种和迟熟品种。而 200 m 以下的低山丘陵应以东魁杨梅为主，适当搭配早熟品种(图 2.10 和图 2.11)。

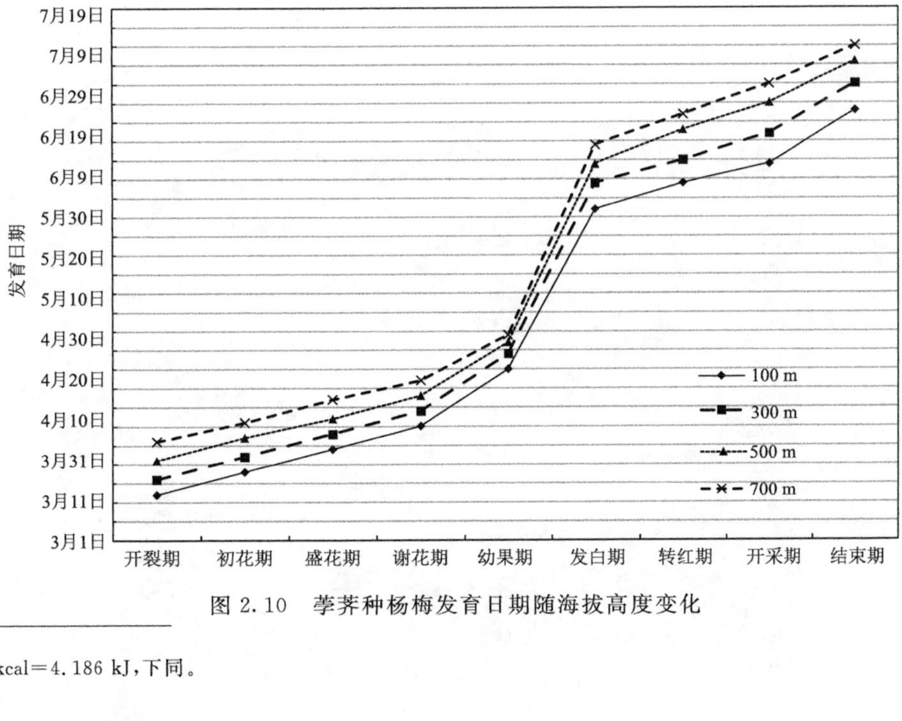

图 2.10　荸荠种杨梅发育日期随海拔高度变化

① 1 kcal=4.186 kJ，下同。

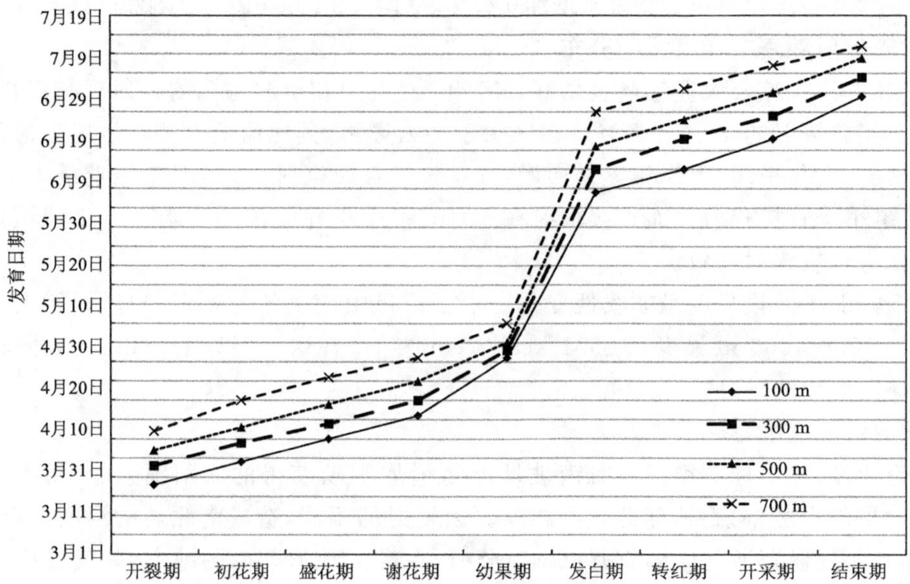

图 2.11　东魁杨梅发育日期随海拔高度变化

第 3 章　杨梅农业气象指标

3.1　杨梅生长适宜性指标

植物温度三基点是指植物在每个生长过程中的最适、最低和最高三个基点的温度。在最适温度下，植物能迅速而正常地生长发育；在最低和最高温度下，植物将停止生长发育，但仍可维持生命。如果温度再继续下降或上升，植物将受损甚至死亡。

三基点温度随作物的种类、品种、发育期、温度持续时间等因子的变化而不同。如小麦生长的最低温度为 3～4.5 ℃，最适温度为 20～22 ℃，最高温度为 30～32 ℃。水稻苗期的最低温度为 12～15 ℃，最适温度为 26～32 ℃，最高温度为 40～42 ℃。然而，水稻在分蘖期的最低温度为 15～16 ℃，最适温度为 25～32 ℃，最高温度为 40～42 ℃。

除了三基点温度外，还可以更细分为适宜、次适宜、不适宜温度指标。除了温度的三基点和适宜性指标，还有水分（降水）、光照、风等其他气象要素的三基点和适宜性指标。农业气象适宜性指标是指当时气象条件对同期作物生长发育的适宜程度，主要分为适宜、较适宜和不适宜。杨梅在不同的生长阶段，对气象条件的要求各不相同。杨梅在夏秋季，开始分化花芽。越冬期的低温，不仅影响杨梅的花芽发育，还将影响杨梅生存与否，决定杨梅的种植范围；早春的晚霜冻，对已开始活动、生长的花芽、叶芽造成损伤；开花、幼果期是对气象条件最为敏感的时期，温度、湿度、降水、日照、风力等都会对开花受精、幼果产生影响；果实发育期（硬核期）对气象条件的要求有所放宽，但对温度要求高，土壤也不宜过于干燥；成熟采摘期天气不仅影响杨梅的品质，对采摘、销售和商品产量、质量也至关重要；采摘后杨梅对环境的适应性较强，但高温伏旱期的极端气候，也将严重影响杨梅夏梢萌发、花芽分化和营养积累。适宜性指标不仅与当地的气候密切相关，还应与灾害指标相互衔接结合考虑。根据 20 年来的杨梅试验、观测数据分析以及农业气象服务经验，初步整理了一些杨梅各生长发育阶段的适宜性指标，抛砖引玉，供大家参考、验证。

作为适宜性指标，主要应用在杨梅农业气象服务的气候评价上，在气象部门，会定期对 1 个月、1 个季度或 1 年来的气象条件进行评价。更精细的是对旬（或周）气象条件进行评价，在月评价中，有时也会分旬进行分析、评价。在评价中会对本年度的气象要素与往年进行对比，分析。在做周评价时，由于历年同期不易统计，所以在这里以旬值作为评价单元，加以统计。在目前兴起的网络平台上，为了更实时地进行评价，会对每天的气象要素进行比较分析，由于日值波动幅度更大些，数值上可以略作放宽。

在设施农业的智慧大棚管理上，也会用到适宜性指标，而且由于设施的加温效果，会出现露天不易出现的高温、高湿、干燥天气，适宜性指标需有所增加(表 3.1)。

表 3.1 杨梅各生长期适宜性指标

生长期名称	起止时间	农业气象指标要素	指标阈值		
			适宜	较适宜	不适宜
缓慢生长期	12 月—次年 2 月	旬平均温度/℃	＞5	2～5	≤2
		旬最低温度/℃	＞−2	−2～−7	≤−7
		旬降水量/mm	20～50	10～20 或 50～100	＜10 或＞100
		旬日照时数/h	≥30	10～30	＜10
		旬极大风力/级	＜6	6～8	≥8
		积雪/cm	无	0～5	≥5
开花期	3 月	旬平均温度/℃	10～25	8～10 或 25～28	＜8 或≥28
		旬最低温度/℃	≥5	2～5	＜2
		旬最高温度/℃	＜28	28～30	≥30
		旬降水量/mm	20～60	10～20 或 60～80	＜10 或≥80
		旬日照时数/h	≥35	25～35	＜25
		旬极大风力/级	1～3	微风或 3～5	≥5
		其他	无降雪大雨、阴雨＜3 d	无暴雨霜冻、阴雨＜5 d	暴雨、阴雨＞9 d
幼果期	4 月	旬平均温度/℃	≥15	14～15	＜14
		旬最低温度/℃	≥5	−2～5	＜−2
		旬最高温度/℃	＜30	30～35	≥35
		旬降水量/mm	20～60	5～20 或 60～80	＜5 或≥80
		旬日照时数/h	≥30	10～30	＜10
		旬极大风力/级	＜4	4～6	≥6
		其他(暴雨或旬雨日)	无大雨、阴雨＜5 d	无暴雨、阴雨 5～9 d	暴雨、阴雨≥9 d
果实发育期	5 月	旬平均温度/℃	≥19	18～19	＜18
		旬最低温度/℃	≥10	5～10	＜5
		旬最高温度/℃	＜33	33～36	≥36
		旬降水量/mm	20～100	10～20 或 100～150	＜10 或≥150
		旬日照时数/h	≥30	20～30	＜20
		旬极大风力/级	＜6	6～7	≥7
		其他	连晴、连阴＜5 d	无暴雨、连晴连阴 5～9 d	连晴、连阴≥9 d
成熟采摘期	6 月	旬平均温度/℃	22～28	20～22 或 28～30	＜20 或≥30
		旬最高温度/℃	＜32	32～35	≥35
		旬降水量/mm	30～120	10～30 或 120～150	＜10 或≥150
		旬日照时数/h	≥40	20～40	＜20
		旬极大风力/级	＜3	3～4	≥4
		其他	日雨量＜10 mm 且日照＞2 h	上午雨量＜3 mm、2 h≥日照＞0.5 h	其他

续表

生长期名称	起止时间	农业气象指标要素	指标阈值		
			适宜	较适宜	不适宜
夏秋梢生长期	7—8 月	月平均温度/℃	<29	29～30	≥30
		月最高温度/℃	<37	37～40	≥40
		月降水量/mm	50～200	30～50 或 200～250	<30 或≥250
		月日照时数/h	≥120	60～120	<60
		月极大风力/级	<5	5～8	≥8
		其他(月雨日)	<10 d	无暴雨、连阴<13 d	暴雨、连阴≥13 d
花芽分化期	9—11 月	月平均温度/℃	<29	29～30	≥30
		月最高温度/℃	<37	37～40	≥40
		月降水量/mm	30～150	20～30 或 150～200	<20 或≥200
		月日照时数/h	≥120	60～120	<60
		月极大风力/级	<5	5～8	≥8
		其他(连晴日数)	<20 d	20～30 d	≥30 d

3.1.1　越冬阶段的杨梅缓慢生长期

该阶段杨梅进入缓慢生长，对外界有较强的抵抗力。据我国气象行业标准《杨梅冻害等级》(QX/T 198—2013)介绍，此阶段杨梅能抵抗－9 ℃的低温。一般的低温、雨雪，在杨梅越冬期影响不大。当然，长时间的偏低温度对杨梅的安全越冬还是有一定的影响，如树势减弱、晚秋梢冻伤、花芽发育不足等。如图 3.1，一般年份，仙居中低海拔地区气候非常有利于杨梅越冬，随着延后栽培的推进，杨梅种植向高海拔地区发展，高山地区的冻害还是比较明显的。如大雪压断枝条；连续低于 0 ℃的雨雪冰冻，冻伤树皮；雪后晴好天气的低温，白天化雪，雪水流经枝干，夜晚在枝干结冰，日化夜结，热胀冷缩，导致树皮开裂，损伤很大。

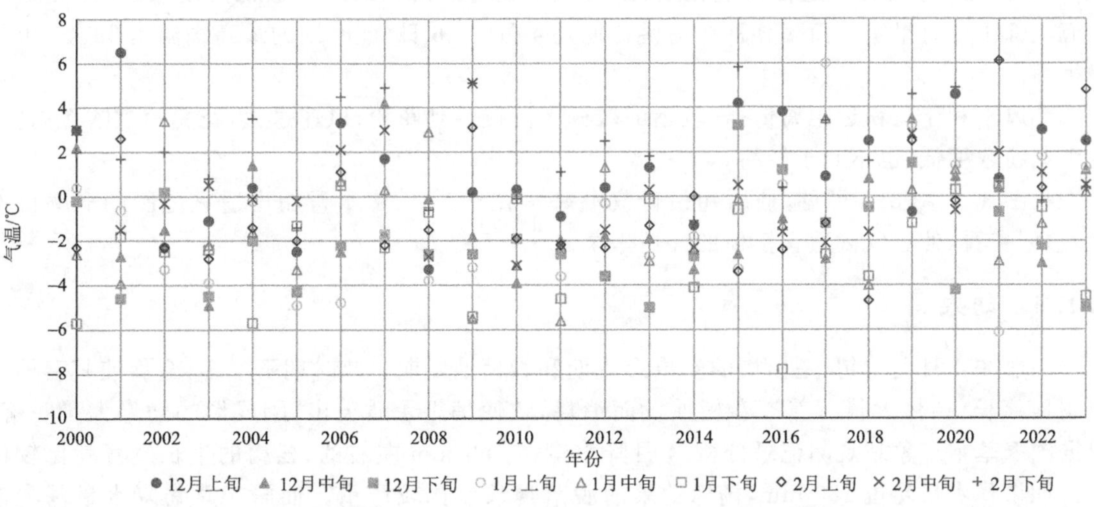

图 3.1　缓慢生长期间(12 月—次年 2 月)旬极端最低气温

一般来说，在越冬期，杨梅生长缓慢，对环境条件抵抗力比较强。旬平均气温 5 ℃以上、极端最低气温－2 ℃以上的低温完全可以安全越冬。杨梅冬季生长慢，降水 20～50 mm 完全可以满足需要。冬季 6 级以下冷空气风力，对树体影响也不大。

从图 3.1、图 3.2 中可以看出，仙居低于－6 ℃的低温也非常少，冬季旬降水量大部分在 50 mm 以下，可见仙居的冬季气候，基本都是适宜杨梅越冬生长的。

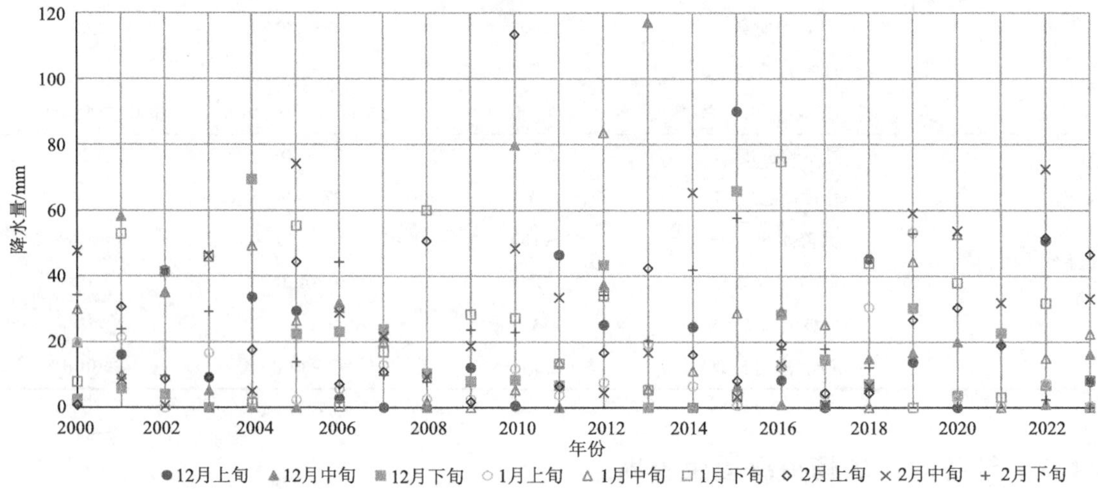

图 3.2　缓慢生长期间(12 月—次年 2 月)旬降水量

3.1.2　开花期

开花期是杨梅对气象条件最为敏感的时期。高温也不利于杨梅的生长。

花期遇 25 ℃以上高温，会使花期缩短，30 ℃以上花丝容易干枯，坐果率降低。据仙居国家基本气象站观测记录，2005 年 4 月 6—10 日，仙居境内日平均气温 24.4 ℃，最高气温为 33.9 ℃。此时期正是东魁杨梅盛花期，出现边开花，边脱落，结果率极低的现象，光照充足的树冠上部很少有果实。而荸荠种杨梅盛花期是 4 月 1—6 日，此时期的最高气温是 28 ℃，坐果率很高。

无风不利于花粉远距离传播，较远的雌株无法接触到花粉；风速过大，花粉易被吹至高空，空中花粉浓度低，也不利于授粉。

从图 3.3、图 3.4 可见，仙居旬最低气温基本在－2 ℃，降水量超出适宜范围的概率也不大，总体来看，仙居气候适宜杨梅的开花坐果。

3.1.3　幼果期

一般在 4 月上中旬，是杨梅的幼果形成期和春梢抽发期。此时期雨水多，会促使其春梢无节制地疯长，树体大量营养被春梢抽发而消耗，致使梢果矛盾突出，刚成形的幼果大量脱落。根据国家基本气象站观测记录分析，4 月降水量在 150 mm 左右的，杨梅的生长发育就比较正常。如果降水量超过 180 mm，杨梅幼果的脱落现象就比较严重。仙居 4 月旬降水量基本都在 10 mm 以上、60 mm 以下，月降水量在 150 mm 以下(图 3.5)，杨梅梢果矛盾一般不突出。

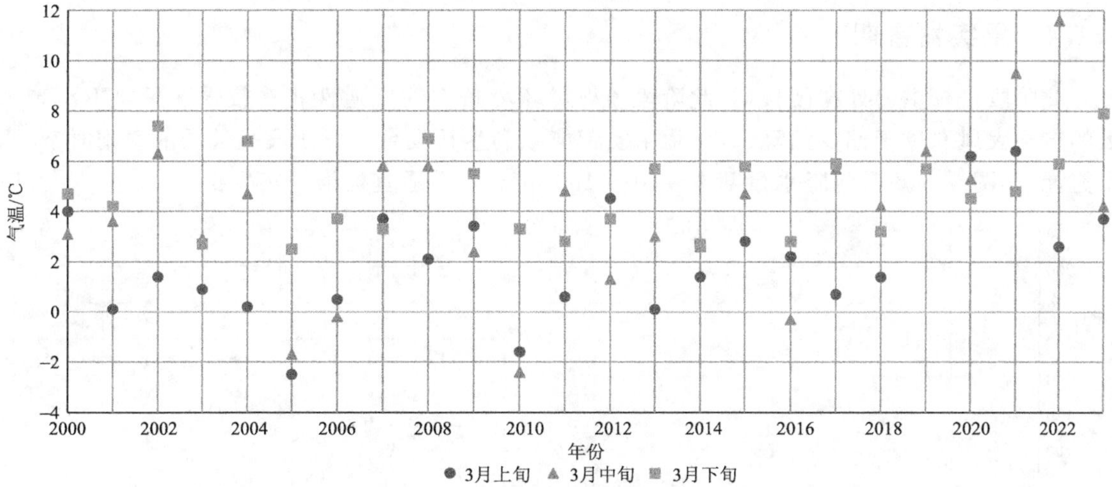

图 3.3　开花期间(3 月)旬最低气温

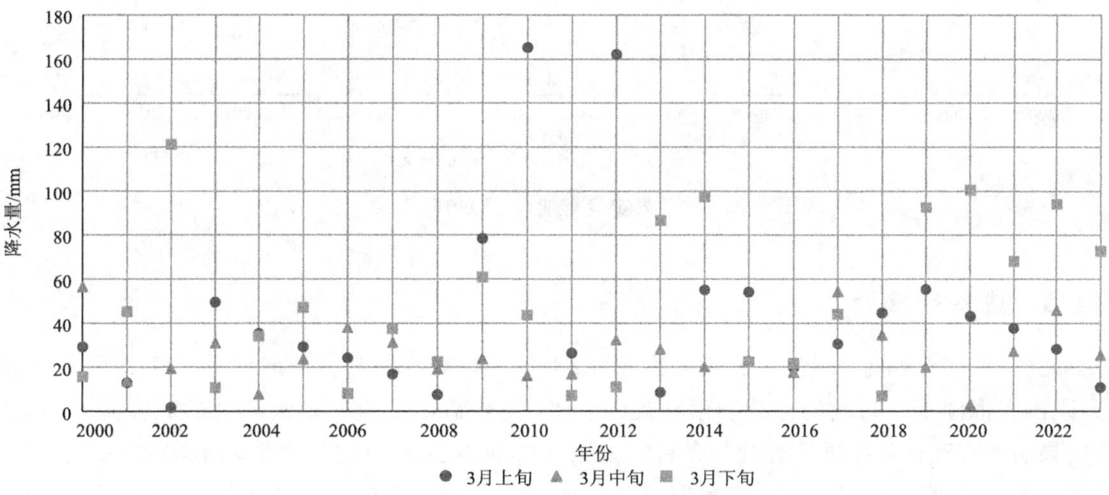

图 3.4　开花期间(3 月)旬降水量

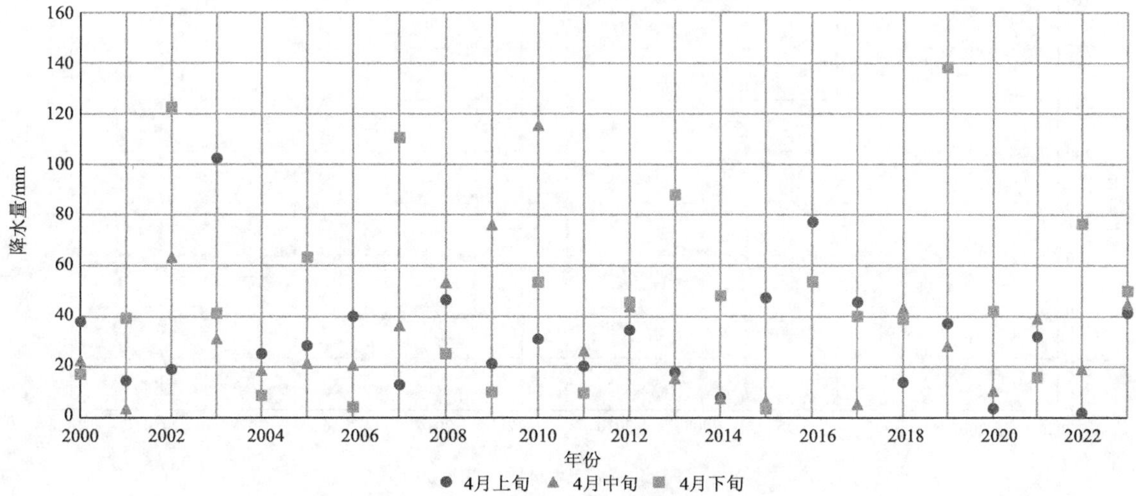

图 3.5　幼果期(4 月)旬降水量

3.1.4 果实发育期

此阶段杨梅主要处在硬核期，此阶段杨梅对环境条件的抗逆性相对较强。只要不出现太大的雷雨大风和过于偏少的降水，杨梅果实都能顺利生长发育。此阶段是仙居的春雨时节，雨水充沛，如图 3.6，5 月旬降水量基本在 10～100 mm，非常适宜杨梅果实生长。

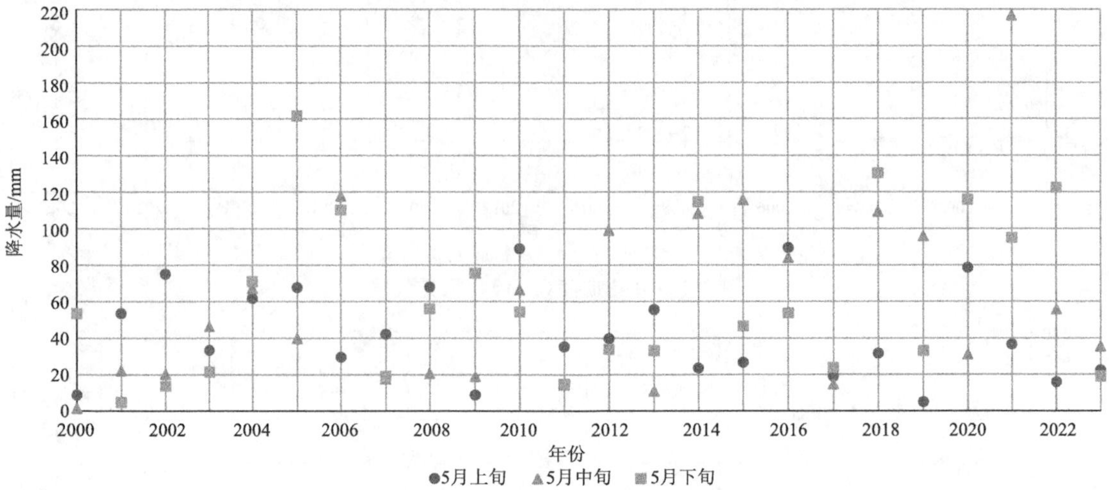

图 3.6 果实发育期(5 月)旬降水量

3.1.5 成熟采摘期

此时，仙居开始进入夏季，也是江南梅汛期的主要发生季节。仙居地处江南梅雨带的南缘，既没有梅雨期长时间的连续阴雨和集中降水，又有副热带边缘多雷阵雨的充沛降水量，为杨梅果实发育和转色提供最有利的条件。如图 3.7，仙居此阶段旬降水量基本在 20～150 mm，如图 3.8，旬日照在 20 h 以上，对杨梅成熟着色非常有利。高山地区的采摘期会延至 7 月份，

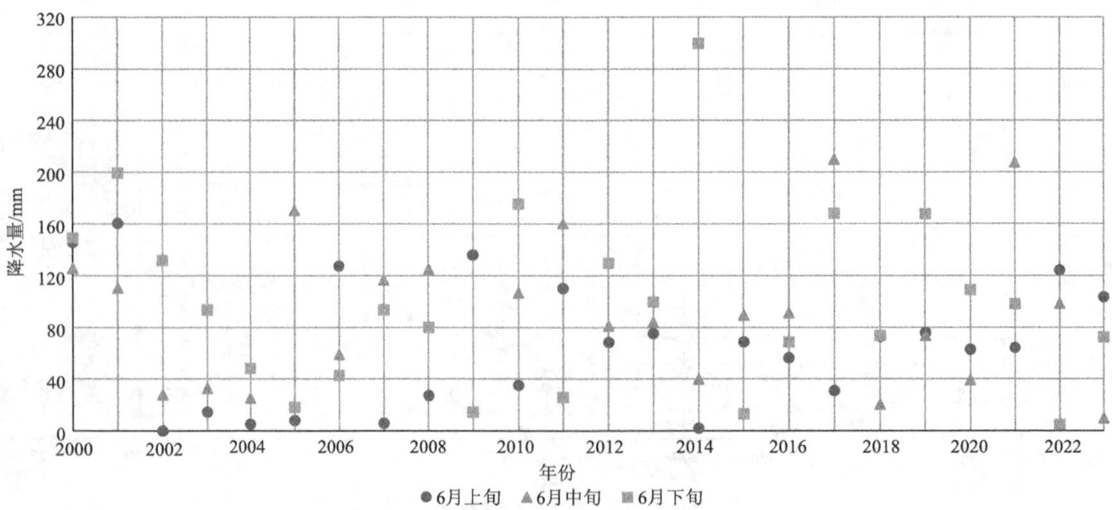

图 3.7 成熟采摘期(6 月)旬降水量

容易出现副高北抬后的高温天气。

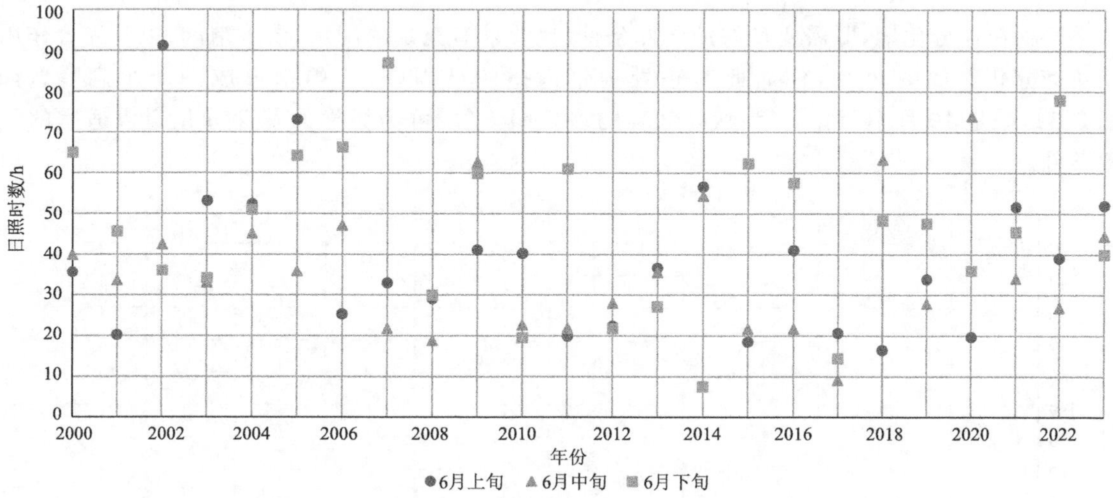

图 3.8　成熟采摘期(6 月)旬日照时数

3.1.6　夏秋梢生长期

夏梢是翌年杨梅的主要结果枝,采后促发夏梢是翌年充足花芽的前提条件。7、8 月份是本地的伏旱季节,容易出现盛夏的高温干旱,也是东南沿海台风影响的主要季节。杨梅一般栽植在山坡地,蓄水和灌溉条件较差。此阶段主要防的是高温和干旱。

仙居在 7、8 月份虽然属于相对的少雨期,由于经常有东风波系统和台风系统带来丰沛降水,如图 3.9,虽然有部分旬降水量较少,但连续 3 旬或 6 旬的总雨量并不少。一般年份,不会出现突出的干旱天气,而杨梅对高温的抵抗力极强,加上坡地山体的相互遮阴,对杨梅的度夏基本没有威胁。

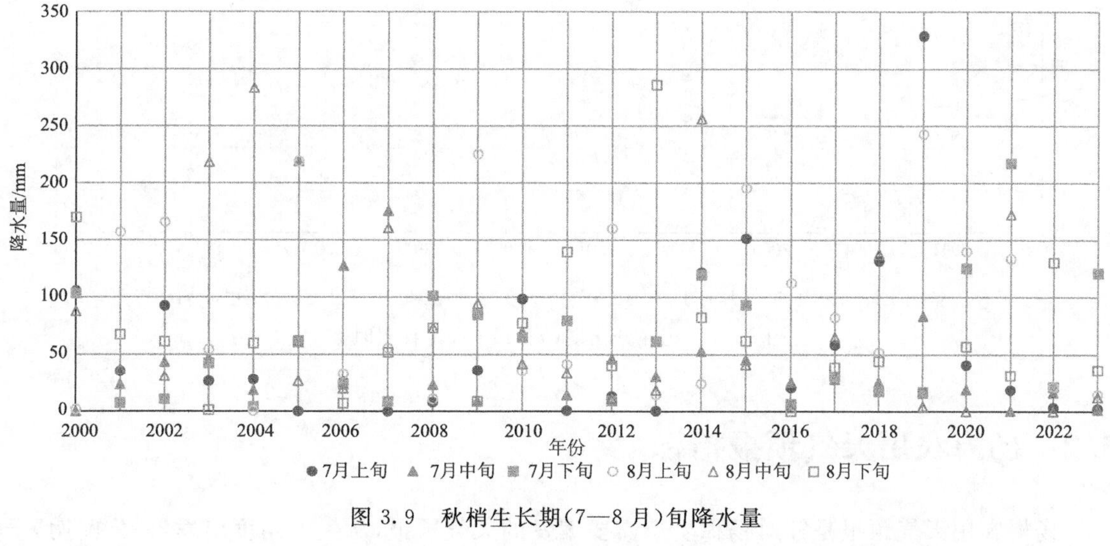

图 3.9　秋梢生长期(7—8 月)旬降水量

3.1.7 花芽分化期

杨梅花芽分化期，既需要良好的光照条件，也要求有充足的雨水，要求晴朗，以利光合作用和花芽分化。如图 3.10，仙居此时正处雨带南撤的秋雨季节，雨水形成一个小高峰。如图 3.11，则是 10 月小阳春，多为秋高气爽的多日照天气，可为杨梅的花芽分化提供适宜的气象条件。

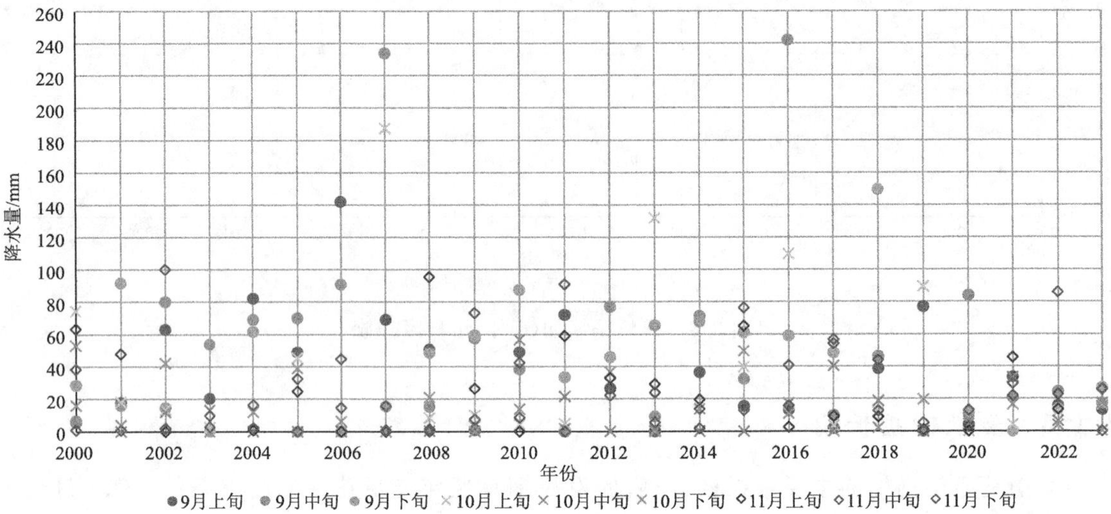

图 3.10 花芽分化期(9—11 月)旬降水量

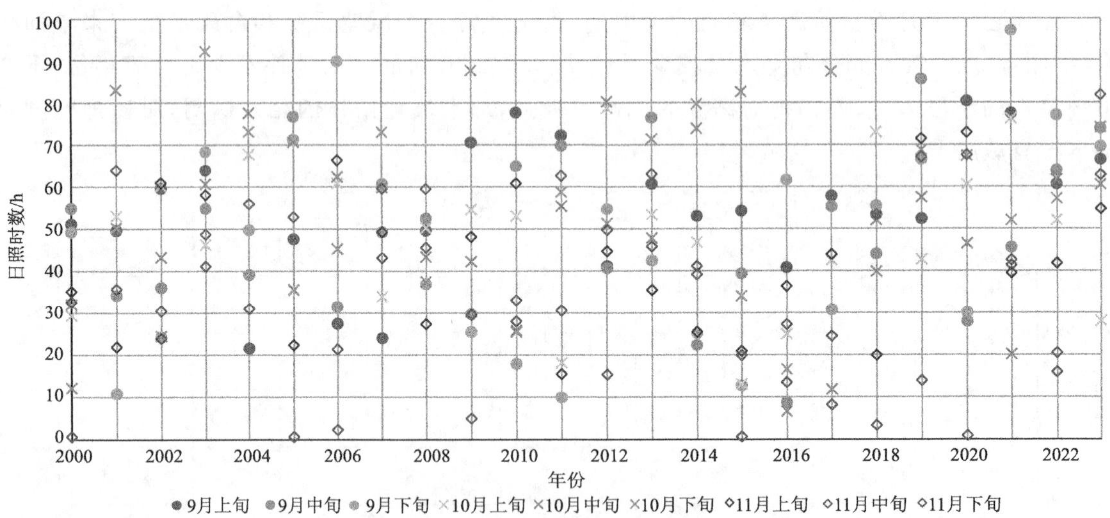

图 3.11 花芽分化期(9—11 月)旬日照时数

3.2 杨梅农用天气预报指标

杨梅农用天气预报是针对杨梅生产需要编发的天气预报，从生产角度出发，评价前期天气实况,预测未来天气条件对杨梅整形修剪、施肥、喷药、果实采摘等主要农事活动的影响,为采取适宜的农业技术措施提供可靠的依据。通过对杨梅主要农事活动和天气条件的研究,把农用天气适宜度等级统一分为适宜、较适宜和不适宜三个等级(表 3.2)。

表 3.2　杨梅农用天气预报指标

农事活动名称	指标等级	指标阈值
杨梅修剪	1 级(适宜)	气温 10～30 ℃,日降水量=0 mm,风力<3 级
	2 级(较适宜)	适宜和不适宜以外条件
	3 级(不适宜)	气温<5 ℃或>35 ℃,白天(05—17 时)降水量>3 mm,风力>5 级
杨梅施颗粒肥	1 级(适宜)	气温 5～30 ℃,1 d 后雨量 5～20 mm
	2 级(较适宜)	适宜和不适宜以外条件
	3 级(不适宜)	气温<0 ℃或>35 ℃,连续>2 d 无雨或雨量>30 mm
杨梅喷叶面肥	1 级(适宜)	喷药前 6 h 前和喷药结束后 6 h 无雨,气温<30 ℃,风力<3 级
	2 级(较适宜)	适宜和不适宜以外条件
	3 级(不适宜)	前后 12 h 雨量 5 mm 以上或气温>30 ℃,风力>5 级
杨梅采摘	1 级(适宜)	采摘前 3 h 及当时无雨,气温<30 ℃,湿度小于 90%,风力<3 级
	2 级(较适宜)	适宜和不适宜以外条件
	3 级(不适宜)	采摘前后 5 h 雨量>3 mm,或气温>30 ℃,风力>5 级

3.2.1　杨梅修剪天气指标及气象服务

有雨天气,杨梅树枝更加脆弱,更容易折断;而且雨天淋湿身体,遮蔽视野,不利于剪枝观察和操作。32 ℃以上天气也不利于上树操作,人员容易中暑。

制作每日预报:预报无雨,且阵风风力小于 3 级,气温 10～30 ℃,为适宜杨梅剪枝天气;05—17 时总雨量大于 3 mm,或气温低于 5 ℃或高于 35 ℃,为不适宜剪枝天气;其余为较适宜天气。

制作小时预报:前后 5 h 无雨且阵风风力小于 3 级,为适宜杨梅剪枝天气;小时雨量大于 0.3 mm,前后 5 h 雨量大于 1.0 mm 为不适宜剪枝天气;其余为较适宜天气。

3.2.2　杨梅施颗粒肥天气指标及气象服务

杨梅基本种植在比较偏远的山坡地上,远离城市、村庄,对于颗粒肥料一般采用直接手撒施用。过于干燥的天气不利于颗粒肥料被土壤吸收而被蒸散损耗。后期有雨天气,有利于颗粒肥料的溶解渗透,提高肥料利用率。而当时降水天气也不利于田间操作。0 ℃以下不利于肥料溶解,30 ℃以上天气容易导致肥料蒸散和人员中毒等。

制作每日预报:气温 5～30 ℃,当日无雨,次日雨量小至中雨,为适宜施颗粒肥天气;气温小于 0 ℃或大于 35 ℃,连续 2 d 以上无雨或次日大雨以上,为不适宜施颗粒肥天气;其余为较适宜天气。

制作小时预报:前后 5 h 无雨且气温低于 30 ℃,5 h 后 2 d 内有小到中雨为适宜施颗粒肥天气;小时雨量大于 3 mm,前后 5 h 雨量大于 10 mm 为不适宜施颗粒肥天气;其余为较适宜天气。

3.2.3 杨梅喷施叶面肥天气指标及气象服务

叶面肥是快速补充养分的最有效的办法。随着现代技术的进步，管道喷雾、无人机喷雾等正在大量普及。叶面喷施后需要 6 h 以上的吸收才能达到良好的效果。过于潮湿的树冠和叶片，不利于附着雾滴。风力过大，雾滴不易控制。高温天气，叶片气孔过于张开，不宜喷施。0 ℃以下易结冰，也不利于肥料吸收，30 ℃以上天气容易导致肥料蒸散和人员中毒等。

制作每日预报：气温 5～30 ℃，当日无雨且风力小于 3 级，为适宜喷施叶面肥天气；气温小于 0 ℃或大于 35 ℃，或有雨或风力大于 5 级，为不适宜喷施叶面肥天气；其余为较适宜天气。

制作小时预报：喷施完成后 6 h 无雨且气温 5～30 ℃、风力小于 3 级为适宜喷施叶面肥天气；6 h 内雨量大于 3 mm，气温低于 0 ℃或高于 35 ℃，或风力大于 5 级为不适宜喷施叶面肥天气；其余为较适宜天气。

3.2.4 杨梅采摘天气指标及气象服务

采摘天气直接关系着杨梅的品质和产量。采摘时的大雾和降水，直接在杨梅果实表面形成水滴，杨梅果实为裸露果实，能直接吸收表面水分，降低果实甜度和糖度，影响口感，也降低果实耐贮藏程度和缩短贮藏时间。采摘后也应及时吹干果实表面水分和冷藏处理。30 ℃以上高温天气不利于上树采摘，容易使采摘人员中暑等。

制作每日预报：采摘前 3 h 及当时无雨，气温低于 30 ℃，相对湿度小于 90%，当日无雨或午后阵雨且风力小于 3 级，为适宜采摘天气；气温高于 35 ℃，或有雨或风力大于 5 级，为不适宜采摘天气；其余为较适宜天气。

制作小时预报：采摘前后共 5 h 无雨且气温低于 30 ℃、风力小于 3 级为适宜采摘天气；前后共 5 h 内雨量大于 3 mm，气温大于 35 ℃，或风力大于 5 级为不适宜采摘天气；其余为较适宜天气。

3.3 杨梅农业气象灾害指标

杨梅生产中的异常天气，常常造成杨梅树体、叶片、果实的损伤。杨梅农业气象灾害天气是指在杨梅生产过程中，出现不利于杨梅正常生长甚至造成杨梅生长、发育异常或损害的天气现象。常见的有低温冻害、冷害、热害、大风和干旱等。通过对杨梅灾害损失评估和主要气象灾害的影响研究，把杨梅农业气象灾害指标等级统一划分为轻度（1 级）、中度（2 级）和重度（3 级）三个等级（表 3.3）。

表 3.3 杨梅农业气象灾害指标

发育期	起止时间	农业气象灾害名称	指标等级	指标阈值
越冬期	12 月—次年 2 月	冻害	1 级	日最低气温≤－6 ℃持续 2 d 或日平均气温＜0 ℃持续 2 d
			2 级	日最低气温≤－9 ℃持续 2 d 或日平均气温＜－2 ℃持续 2 d
			3 级	日最低气温≤－11 ℃持续 2 d 或日平均气温＜－5 ℃持续 2 d

续表

发育期	起止时间	农业气象灾害名称	指标等级	指标阈值
开花期	3 月	花期低温	1 级	日最低气温＜0 ℃持续 2 d 或日平均气温＜3 ℃持续 2 d
			2 级	日最低气温＜−1 ℃持续 2 d 或日平均气温＜2 ℃持续 2 d
			3 级	日最低气温＜−2 ℃持续 2 d 或日平均气温＜0 ℃持续 2 d
开花期	3 月	花期高温	1 级	日最高气温≥30 ℃持续 1 d
			2 级	日最高气温≥30 ℃持续 2 d
			3 级	日最高气温≥33 ℃持续 2 d
幼果期	4 月	低温冷害、高温热害	1 级	日最低气温＜5 ℃持续 2 d 或日最高气温＞30 ℃持续 2 d
			2 级	日最低气温＜2 ℃持续 2 d 或日最高气温＞33 ℃持续 2 d
			3 级	日最低气温＜0 ℃持续 2 d 或日最高气温＞35 ℃持续 2 d
果实生长期	5 月	大风	1 级	风力 7 级
			2 级	风力 8 级
			3 级	风力≥9 级
成熟采摘期	6 月	连阴雨	1 级	上午降水量＞3 mm 且日照＜0.5 h 连续 2 d
			2 级	上午降水量＞3 mm 且日照＜0.5 h 连续 3 d
			3 级	上午降水量＞3 mm 且日照＜0.5 h 连续 5 d
成熟采摘期	6 月	高温	1 级	日最高气温≥35 ℃持续 1 d
			2 级	日最高气温≥35 ℃持续 2、3 d
			3 级	日最高气温≥35 ℃持续 4 d
成熟采摘期	6 月	大风	1 级	风力 6 级
			2 级	风力 7 级
			3 级	风力≥8 级
夏秋梢生长期	7—11 月	干旱	1 级	月降水量偏少 40%～60%
			2 级	月降水量偏少 60%～80%
			3 级	月降水量偏少≥80%
		大风	1 级	风力 8 级
			2 级	风力 9 级
			3 级	风力≥10 级

3.3.1　越冬期冻害

(1)主要影响及危害症状

越冬期主要气象灾害是低温引起的冻害、雪害、冰冻等，除了温度影响外，降水(雪)、雪水流经和雨凇、雾凇等都会加重伤害程度。据中华人民共和国气象行业标准《杨梅冻害等级》(QX/T 198—2013)规定，持续 2 d 日最低气温≤−6 ℃且＞−9 ℃时或日平均气温≤0 ℃且＞−2 ℃时会引起轻度冻害，树体主干的树皮会出现开裂；持续 2 d 日最低气温≤−8 ℃且＞−11 ℃时或日平均气温≤−2 ℃且＞−5 ℃时会引起中度冻害，树体二级以下的主枝(包括主干和一级主枝)树皮会出现开裂;持续 2 d 日最低气温≤－11 ℃时或日平均气温≤－5 ℃时会引起重度冻害,树体三级以下的主枝(包括主干、一级主枝和二级主枝)树皮会出现开裂。

不同树龄对低温的抵抗能力不同。幼年树抗冻能力差,特别是施肥过多,秋梢旺发的易受冻,因此高海拔地区要使秋梢提前老化,摘除晚秋梢。

冬季发生冻害,杨梅根颈部和不充实的晚秋梢及其叶片最不耐冻,接下来是花芽受冻。严重时根颈部树皮爆裂,晚秋梢及其叶片出现水渍状斑块,叶片卷曲、萎蔫、干枯,枝梢逐渐死亡。

(2)防御技术

①为防止杨梅植株根颈部,尤其是幼树受冻,可采用培土和树干包扎的办法。即在树干周围培新鲜疏松的客土 50～100 kg,高 30～50 cm,再加地膜覆盖,防冻效果较好。或用稻草包扎树干,地面覆盖柴草,可减轻冻害。

②用 5000 g 石灰加 500 g 硫磺,加水 20～30 kg 再加盐 50 g,加食用油 50 g 调制而成溶液涂白树干,降低树干温度,防止树皮晒裂。冻害严重,病部皮层占 1/3 以上的应在病部下方锯去,伤口用托布津消毒。

③及时清除树冠积雪。

④初冬期间喷几次叶面肥,提高杨梅细胞液浓度,增强抗寒能力。

3.3.2 开花期低温和高温灾害

(1)主要影响及危害症状

杨梅开花期的抗逆能力大幅度减弱,杨梅雌、雄花对低温、高温极为敏感。除了温度影响外,湿度、降水、风等对杨梅的开花、授粉、受精都会产生严重影响。花期高温常伴随低湿,花期若遇连续 5 d 以上平均相对湿度小于 70%或平均日蒸发量大于 6 mm,则柱头黏液极易干燥,影响授粉受精,当年产量明显降低。

据中华人民共和国气象行业标准《杨梅冻害等级》(QX/T 198—2013)规定,持续 2 d 日最低气温≤0 ℃且＞－1 ℃或日平均气温≤3 ℃且＞2 ℃时会引起轻度冻害,会有 30%～50%花蕾枯萎;持续 2 d 日最低气温≤－1 ℃且＞－2 ℃或日平均气温≤2 ℃且＞0 ℃时会引起中度冻害,会有 50%～80%花蕾枯萎;持续 2 d 日最低气温≤－2 ℃或日平均气温≤0 ℃时会引起重度冻害,会有 80%以上的花蕾枯萎。

(2)防御技术

①可利用熏烟、增雾等减轻辐射降温,地面覆草等进行土壤保温。

②随着设施栽培的普及,花期的高温低湿也将更加普遍地出现,需要及时地开膜降温和补湿。

③人工辅助授粉。

3.3.3 幼果期低温冷害和高温热害

(1)主要影响及危害症状

杨梅刚开花授粉后的幼果期,由于受精果还极小,对低温、高温等都极为敏感。除了温度影响外,降水、风等也极易造成杨梅的第一期生理落果。

持续 2 d 日最低气温≤5 ℃且＞2 ℃会引起轻度的生理落果,会有 20%～40%受精果脱落;持续 2 d 日最低气温≤2 ℃且＞0 ℃时会引起中度生理落果,会有 40%～60%受精果脱落;

持续 2 d 日最低气温≤0 ℃时会引起重度生理落果，会有 60%以上的受精果脱落。

(2)防御技术

①可利用熏烟、增雾等减轻辐射降温，地面覆草等进行土壤保温。

②随着设施栽培的普及，幼果期的高温低湿也将更加普遍地出现，需要及时地开膜降温和补湿。

3.3.4　果实生长期大风灾害

(1)主要影响及危害症状

杨梅第一期生理落果期结束后，抗逆能力有所增强，随着幼果的快速生长期结束进入硬核期，主要灾害受雷雨大风的影响。

果实生长期的大风影响，主要造成果实的碰撞脱落和叶片的机械损伤。当阵风出现 7 级、8 级、9 级时将分别造成幼果和叶片的轻、中、重度损伤，落果增多，感染病虫机会增加。

(2)防御技术

防御技术为减轻风害，除建园时营造防风林和在中、高山地区推广 2 m 以内矮冠整形外，对风口处树体用支柱扶持加固。

3.3.5　成熟采摘期连阴雨、高温、大风灾害

(1)主要影响及危害症状

杨梅果实为裸露果实，能直接吸收果实表面水分，降低果实甜度和可溶性固形物含量，影响口感，也降低果实耐贮藏程度和贮藏时间。

杨梅果实转色期若持续高温 35 ℃以上会影响果实转色，可溶性固形物含量下降。成熟期高温，会使果实迅速变软，并出现异味的情况。

杨梅果实肥大转色期要有适度雨水，土壤水分充足，以促进果实迅速肥大。果实成熟期要求天气多云，并常伴短时阵雨天气为好，有利于转色和增加糖分，采收期连续多雨，容易导致落果严重，烂果多，品质差，不耐贮运。

雷雨大风天气是造成果实脱落的主要因素，由于膨大后果实大、重量重，脱落会更加严重。

根据气象指数保险指标，05—12 时小时雨量持续 2 d 在 3 mm 以上将会出现轻度落果，3～5 d 会出现中度落果，5 d 以上会出现重度落果。日最高气温 35 ℃以上持续 1 d 果实会轻度受害，2～4 d 会中度受害，4 d 以上会重度受害。而阵风达到 6 级、7 级、8 级，将造成果实轻、中、重度损伤、落果。

(2)防御技术

①在灾害来临前，及时采摘成熟果，减少成熟果的损伤和脱落。

②采取避雨栽培，减少雨水影响。覆盖遮阳网，降低温度，减轻高温影响。营造防风林，降低风速、风灾。

3.3.6　夏秋梢生长期高温、大风灾害

(1)主要影响及危害症状

夏梢是翌年杨梅的主要结果枝，采后促发夏梢是翌年充足花芽的前提条件。7、8 月份是本地的伏旱季节，容易出现盛夏的高温干旱。也是东南沿海台风影响的主要季节。

杨梅多在山坡上栽种，无灌溉条件，7—8 月伏旱期，降雨少、日照强、蒸发烈，土壤会严重缺水。因果实采收后树体虚弱，干旱严重影响夏梢抽发，导致翌年花少，尤其是南坡和西坡更为突出。

伏旱期也是台风季，大风天气常造成杨梅枝梢损伤，甚至折断主枝、主干。杨梅树冠高大，根浅叶茂，枝质松脆，暴雨大风和台风天气易造成杨梅枝条折断，甚至整株吹倒、连根拔起。

据中华人民共和国国家标准《气象干旱等级》(GB/T 20481—2017)规定，月降水量距平在－60％～－40％为轻度干旱，地表空气干燥，土壤出现水分轻度不足；距平在－80％～－60％为中度干旱，引起土壤表面干燥，出现水分严重不足，作物叶片出现萎蔫；距平在－80％以下为重度干旱，土壤水分严重不足。而大风等级达到 8 级、9 级、10 级时，则将造成杨梅树体的轻、中、重度损伤。

(2)防御技术

在台风过境前，对风口处树体用支柱扶持和增土加固；台风过境后，及时扶正树体，缚扎折枝条，修剪清理断枝，进行追肥及培土等，以便及早恢复树势。

在建园时，应选择适于杨梅较耐阴的地形地貌和土层深厚处种植，同时还可进行深翻改土、多施有机肥以提高保水保肥能力，在园内多设水沟和贮水池，供干旱时灌溉。此外，可种植绿肥和矮秆生草，在采果后进行中耕松土和割草覆盖，以缓解水分供需矛盾。

3.4 杨梅农业气候区划指标——以台州市为例

3.4.1 台州市地理生态概况

台州地处浙江省东南丘陵山区，地理坐标 28°01′—29°21′N，120°17′—121°56′E，总面积 9792.25 km^2，是“七山一水二分田”的多山地区，地势从外向内倾斜，略向东倾，紧临东海。东部受海洋性气候影响，太平洋的季风带来丰沛的雨水，西部山区又具有典型的内陆性山区气候特征，加上季风气候的不稳定性，台风暴雨多，洪涝频繁，影响严重。

台州气候资源具有中亚热带季风气候特征，冬、夏季风交替明显，四季冷暖干湿分明；光照适中，雨量充沛，热量较优，越冬条件好，是浙江省水热资源最丰富的地区之一。年平均气温 17.1 ℃，年降水量 1522.4 mm，年相对湿度 82％，年总辐射量 1009.5 kcal/cm^2。杨梅成熟的关键期，正值江南的梅雨季节，6 月平均气温 24.0 ℃，降水量 212.3 mm，雨日 17.4 d，相对湿度 89％。

3.4.2 数据来源及处理方法

区划所用气象资料为台州市 8 个气象观测站、127 个中尺度气象站的观测数据，包括经度、纬度、海拔高度等地理属性数据，资料年限为建站以来至 2009 年。地理信息数据采用国家基础地理信息中心提供的 1∶25 万浙江省基础地理数据，应用 GIS 技术提取出县级以上行政边界、主要河流、数字高程模型(DEM)以及经度、纬度、海拔高度、坡度、坡向等栅格数据。

土地评价单元是土地评价工作中最基本的单元，是进行土地适宜性评价的基础。它直接关系到土地适宜性评价质量和工作量的大小及评价结果的应用。在对矢量数据进行重采样转换为栅格数据时，栅格单元的合理尺寸应以保证最小同质图斑不丢失为原则。栅格的尺寸越小，数据信息量丢失越少，相应的精度就越高。但数据量也将成倍增大，从而加大了数据获取和处理的难度。而栅格的尺寸越大，数据信息量丢失越多，相应的精度越低。将各图层叠加后生成的叠加分析结果图图斑作为评价单元，能最大限度地保证同一评价单元内土地基本属性的一致性，同时避免评价单元选取过细造成的数据运算量过大，本节分析采用 100 m×100 m 的栅格大小(朱寿燕 等，2011)。

3.4.3　杨梅农业气候区划指标的确定

(1)农业气候区划指标的选取和分值确定

确定气候资源评价因子，选取评价指标，是气候资源评价的核心。气候资源评价因子，是指影响杨梅生长发育的一系列气候因素。从气候生态条件能否满足生育要求的角度来看，这些评价因子亦称为限制因子。

杨梅属于亚热带常绿果树，喜温暖气候，好湿耐阴，其生长要求年平均温度≥14 ℃、年降水量 1000 mm 以上。根据台州市生产实际，杨梅果实发育和膨大期(5 月)需要大量的水分，是产量和品质形成的关键时期；6 月是杨梅成熟关键期，高温容易产生逼熟、日灼、白腐病等，6 月最高气温也是影响杨梅生产的关键因子；成熟期(6 月)一般要求降水量达 160 mm 左右，降水过多，易造成烂果或异常落果，当降水≤100 mm，空气过于干燥，则果实品质和外形明显受到影响，6 月的相对湿度与杨梅果实的可溶性固形物、糖酸比之间存在密切关系；杨梅枝叶繁茂，沿海、岛屿和高山的大风是杨梅的主要灾害。因此，温度和降水是决定杨梅地理分布的主要因子，也是影响产量的重要因素。根据选择评价因子的基本原则和台州市生产实际，并征求专家意见，选取杨梅适宜性评价因子并赋予权重。

①表示热量条件的年平均气温($T_{年}$)，权重为 5；

②果实发育期的水分条件(R_5)，权重为 4；

③果实成熟期关键气候因子，即 6 月的最高气温(T_{h6})，权重为 3；

④成熟采摘期降水量(R_6)，权重为 2；

⑤全年大风日数(F_d)，权重为 1。具体见表 3.4。

表 3.4　杨梅适宜性评价因子量化表

评价因子	$T_{年}$/℃	R_5/mm	T_{h6}/℃	R_6/mm	F_d/d
权重	5	4	3	2	1
分值 3	≥15	≥120	<33	100～150	<3
分值 2	13～15	80～120	33～35	150～180	3～15
分值 1	<13	<80	≥35	≥180 或<100	≥15

(2)区划指标值的空间模型建立

各因子对杨梅的影响不是孤立存在的，它们在不同的组合状态下，影响强弱不同，既相互制约，又相互补充。为了便于分析和最后评价结果的量化表达，将各种评价因子进行量化处理，在对评价因子进行分级的基础上对各个等级赋予具体的分值。量化是在查阅资料、依据专家经验和实地调查的基础上进行的。各评价因子的等级和权重量化如表 3.4 所示。运用 GIS 工具，将评价因子的矢量图转换成栅格图，参照分级表，将评价单元分等定级并在栅格图中表示出来。

2004 年以来，台州市逐步建立了 127 个中尺度自动气象站，能够自动记录、发送温度、降水、风、气压等气象数据，再加上 8 个国家基本气象观测站的气候数据，运用数理统计方法建立了气候区划指标因子与纬度、经度和海拔高度的空间分析模型（表 3.5）。各模型均通过了 0.01 的显著性水平检验。大风站比较少，采用浙江省 72 个站点气候资料进行空间模拟。

表 3.5　气候区划指标空间分析模型

模型	相关系数	F 值	样本数
$T_{年}=-1.0190\varphi+0.5708\lambda-0.00225h-22.52$	0.6238	24.413	128
$R_5=-51.385\varphi-2.707\lambda+0.00747h+1959.455$	0.5085	13.367	128
$R_6=62.269\varphi-34.140\lambda+0.01904h+2586.268$	0.5661	18.079	128
$T_{h6}=3.289\varphi-3.571\lambda-0.00773h+373.892$	0.7770	58.408	128
$F_d=-2.454\varphi+21.851\lambda+0.0905h-2546.399$	0.6953	22.155	72

注：φ 为纬度(°)；λ 为经度(°)；h 为海拔高度(m)。

基于经度、纬度和海拔高度的栅格图，在 ArcMap 的空间分析模块中，通过“raster calculator”命令，生成单个气候区划指标的栅格图，并根据区划指标等级，参照其等级分值，按等级在栅格图中表示出来，即形成各个单因子的气候区划分级图，年平均气温因子的气候区划分级如图 3.12（其余图略）。

图 3.12　依据年平均气温指标的区划图

3.4.4　杨梅农业气候区划结果

由于各个气候区划指标对杨梅种植的影响是相互补充又相互制约的，为了综合考虑多因子的影响，按照各区划指标等级分值与权重乘积后相加，得到综合的气候生态区划。

在 ArcMap 空间分析模块的“raster calculator”命令支持下，将 5 个气候区划指标适宜性等级图按照权重进行叠加分析，得到综合指数分布图。分析综合指数分布规律，通过多次试验用“reclassify”命令划分等级指数，将台州市杨梅种植气候适宜性划分为 3 个等级。

杨梅的生长发育和产量形成不仅受气候条件的影响，同时还受地形、土壤等条件的制约。杨梅生长对地形和土壤也有一定的要求。杨梅最适宜种植在 5°～30°的山坡地，适宜土质松软，排水良好，含有石砾，pH 为 5.5～6.5 的红黄壤土。杨梅能与菌根共生，比较瘠薄的山坡地即可生长，平坦肥沃的水稻田栽种反而使树体徒长，落花落果多，产量也降低。阴坡杨梅柔软多汁，风味佳，向阳地果实质硬汁少。因此剔除平原水稻田地块。

由图 3.13 可知，台州市最适宜杨梅种植区主要集中在中西部的仙居、临海、黄岩、天台等丘陵地带，此处雨量充沛、热量充足、相对湿度大，土壤多为含砾石的砂质红壤和黄壤，正常年景下杨梅生产能获得优质高产。适宜栽培区主要分布在西部海拔高度为 500～850 m 的半高山区；主要适合栽种晚熟杨梅，雨水充沛，杨梅品质极佳，但热量条件稍差，冬季时有冻害，杨梅产量不稳定，这些地区的杨梅可作为生态经济林发展（因为杨梅极不易燃，对预防森林火灾极为有利），此区其他经济林也极少种植，还可补充后期杨梅供应，延长杨梅供应期。不适宜栽培区主要在西北部海拔 850 m 以上的高山地区、海岛和平原水稻栽培区，此区的高山地区杨梅易遭受冻害；海岛地区多大风，且土壤多为粗粒石块；水稻栽培区土壤过于粘重，略偏碱性土壤，这些地区不宜盲目发展杨梅生产。

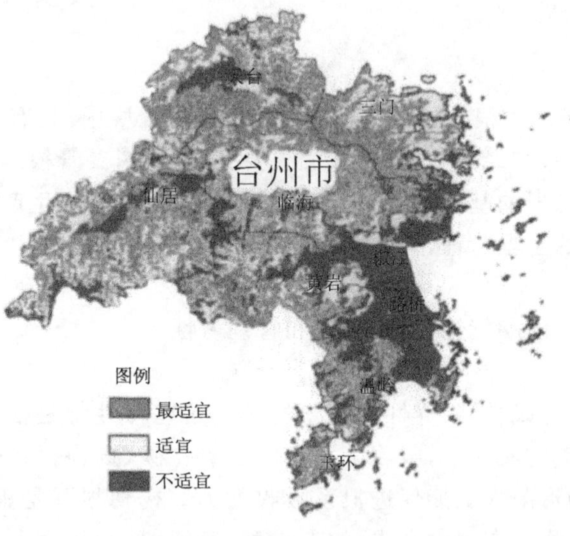

图 3.13　气候生态区划综合图

第4章 杨梅栽培管理

4.1 杨梅园土、肥、水管理

4.1.1 杨梅园土壤管理

1. 土壤管理的目的

"养根壮树"形象地表达了根与树的关系，而根生长在土壤中，只有管好土壤才能养好根系。所谓"根本"，就是指根是"老本"，俗语说"交人要交心，管树要管根"，"根深"才能叶茂，"根健才能树壮"。而土地又是根的基础，因此杨梅园的土壤管理是杨梅生产的主要环节。为搞好养根壮树，必须进行科学的土壤管理，并要加深认识和了解根、土特性，以便在管理中更具针对性和准确性。

杨梅根系有三类特性，即功能性、生长习性和管理习性。

(1)功能性

包括固地性，吸收性，合成性，贮养性和蘖繁性等。这些习性都是根系的基本功能。如根的吸收性，它吸收水分和矿物质元素，吸收土壤中的二氧化碳(杨梅根系吸收二氧化碳高达光合需求量的四分之一)，杨梅菌根更能促进根系吸收能力。杨梅根系是重要的合成器官，树体内许多物质和代谢中间产物都在根中合成，如有机酸、有机氮、有机磷等，根系还能合成激素，如细胞分裂素、维生素、酶等物质供树体需要。杨梅根是重要的养分储藏器官，其淀粉储藏量接近树体储藏量的一半。

(2)生长习性

杨梅根系生长习性有向地性、向肥性、需氧性、季生性、周期性、更新性、无眠性和集中性。杨梅根系的需氧量较高，较高的需氧特性是对土壤类型，土壤管理制度和气、水协调情况的严重制约，应引起高度重视。杨梅根系生长的周期性是指一年中不同季节根系生长的峰谷特点和生命周期中的动态规律。如幼龄期的离心生长，老龄期的向心生长则为杨梅幼龄树速生早产和老龄树的更新复壮提供了科学管理依据。

(3)管理习性

根系的管理习性因与地下耕作关系密切，必须认识了解。

管理习性包括对应性(地下与树冠)、再生性(断口发根)、边层性、代偿性(局部优化可补偿整体)、可调性、异构性(不同土壤类型其根系结构有差异)、分泌性、菌根性。

表 4.1 是杨梅树地上和地下各生长部位的对应关系表,其生长强弱、营养供应等具有相互影响、相互促进的作用,即通过调节地下,可以影响地上生长,尤其可以利用调节地下深根来改变树冠新梢类型。根系断口发根的再生性为根系更新提供保障。根据分布的边层性为人工施肥方法、方位提供科学依据。根系的分泌性则决定杨梅死亡后不能连作重茬。

表 4.1　杨梅树地上、地下主要部分的相关对应性

地上部	地下部
骨干枝	骨干根
中心干	垂直根
主侧枝	水平根
枝组	根组(小侧根)
新梢	新根
中短枝	弱生长根
长枝	强生长根
叶片	吸收根
同侧枝	同侧根群
内外枝	内外根群
极性优势	先端优势
地上空间延伸	地下空间延伸

2. 杨梅园的土壤特性

杨梅根系每年都会有大量新根生长,如图 4.1,强生长新根可以形成骨干根,深入土壤深层,寿命较长,各季都会有吸收根生成,寿命短,容易死亡。如图 4.2,新根多为白色根须状,土壤肥足、活性好,根系强壮、生命力强。与杨梅根系关系密切的园土特性有以下几方面。

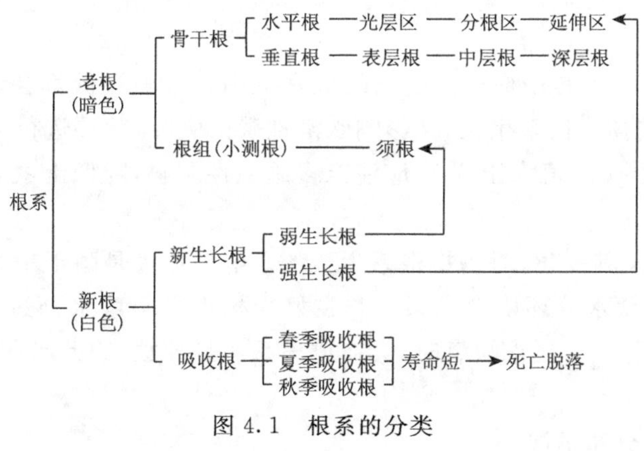

图 4.1　根系的分类

(1)活土层厚度

指杨梅根系的沃土活动空间(容积),因杨梅树体较大,根系需较厚的活土层。一般需求不少于 60 cm,但也不是越厚越好,太厚主根过深,其树势较难调控,土层厚度以 80 cm 左右为宜。

图 4.2 根系的分布

(2)肥力保证度

主要指土壤有机质含量及各种元素的多少和有效性。这是土壤供应养分和影响杨梅根系生长的基础。

(3)气体通透度

指土壤砂、黏程度和团粒结构等物理性状，以保证杨梅根系在土中，尤其是下层气体的供应和水、气之间的协调。杨梅最适土壤是砂砾土或砂砾土略带黏性的土壤，具体指标是黏粒含量(直径小于 0.001 mm)10%～30%，砂粒(直径 0.001～1 mm)含量 70%～90%，砾石(直径大于 1 mm)含量 5%～30%。

(4)温湿变化度

土壤表层温度变化大，容易出现低温冻害和高温热害；表层湿度过干，吸收水分困难，湿度过大，影响呼吸、生长。

(5)酸碱适宜度

土壤 pH 值 5.5～6.5 是杨梅根系生长的适宜范围。过高过低都会影响杨梅生长，当 pH 值低于 5.0 时，既影响杨梅根系生长，又影响水溶性磷的吸收，就要进行 pH 值的调整，即每亩增施 50 kg 石灰。如果 pH 值大于 6.5，应注意多施酸性肥料，降低土壤 pH 值。

(6)水分供应度

土壤相对持水量及其变化，对杨梅根系生长的影响。杨梅是耐干旱力弱的果树，在土壤持水量 60%～80%的土壤水分环境中根系生长良好。杨梅园土壤水分过多，土壤透气性降低，氧气不足，会抑制根系生长，严重缺氧时，会造成根系腐烂死亡，因此易积水的园地要注意修筑排水工程，及时排水。

3. 杨梅树的根系分布情况

为了做好养根壮树，进行科学管理土壤，需要了解杨梅根系在土壤中的分布情况。

杨梅根系在土壤中分布有一定的层次，可分为三层。

第一层是活土层，也称表土层，1～10 cm。这一层有机质含量高，透气性好，但水、温波动大，新根生长不稳定。虽然根系生长快，但早衰、死亡也快。

第二层是根系集中层，分布在 10～40 cm。这一层水、肥、气、热都较为协调，是根系生长最适土层，70%的根系都集中在此层，但根系高度集中，竞争激烈，根系功能得不到高度发挥。

第三层是底土层，分布在 40～60 cm。这一层优点是水、热稳定，根系无休眠期，抗灾能力强。缺点是透气性差，养分缺，根系很难深入。因此各土层皆有一定缺陷，又都有优势可利用，应趋利避害，实施有效改良，尽量做到用好上层，扩大中层，攻入下层。

4. 杨梅园的土壤管理

(1)充分利用表土层，重点是缓和水热波动，力保温湿稳定，充分利用表层优势，培养上层须根。方法是提供免耕，以生草法、覆盖法来保护表层，减少水土流失，减缓蒸发，缩小温差稳定根系，使土壤表层根密集、活跃、稳定，提高根系功能。表 4.2 为不同土壤管理模式对土壤肥力影响的观测结果，果园间隙生草(种绿肥)对氮磷钾和有机质含量都有明显的提升。

主要措施：选用合适的土壤管理制度，关键是对杨梅园内杂草和地表的处理和利用。

①锄草：传统的松土除草，这种处理方法优点是除草保墒，松土透气，提高肥效；缺点是破坏土层团粒结构，加重水土流失，伤根多，温湿变化大，费工费力，提高生产成本。

②化学除草：优点是省工省力，减少消耗，免耕灭草，减轻水土流失；缺点是土壤有机质减少，温湿变化增加，且农药有残留毒化土壤，长期使用使土壤酸化板结，土壤生态遭到严重破坏。

③园地生草：果园自然生草法，就是让杨梅园自然生草，选留浅根性草，铲除恶根性草，使浅根性草覆盖整个杨梅园地表，在其旺盛生长期进行人工割草，覆盖在树盘上，此法省工、省本，防止水土流失，增加土壤有机质含量，改善果园生态；缺点是易造成草与杨梅争水、争肥、争光。

④割草覆盖：优点是提高有机质，防旱降温保墒，防止水土流失，改善表土生态，保持土壤温湿稳定；缺点是水、气矛盾加大，黏性土壤透气性更差，使根系大量上浮生长。此方法适宜于山丘薄地，但要注意防火和适当增加氮肥来调节。

⑤果园间隙生草：杨梅园内种草(包括绿肥)养草。草以浅根性草为宜。杨梅采收前半个月进行全园刈割，割后覆盖在树盘上，10 月底松土除草一次，把覆盖的草和新生长出来的草埋入施肥沟内。优点是有机质含量增高，园土结构良好，土壤温度稳定，水土流失减少，保护虫害天敌，维护果园生态良好。还可降低生产成本，是目前果园管理普遍推广的管理方法。

表 4.2 不同土壤管理模式对土壤肥力的影响

	有机质	碱解氮	速效磷	速效钾
果园间隙生草(种绿肥)	0.61%	55.3%	9.2%	6.2%
清耕	0.37%	33.8%	5.1%	3.5%
生草	0.41%	28.41%	2.2%	4.0%

(2)扩展与改善根系集中层

主要措施：重点是增加有机质肥料，改善透气性，分期深翻改土和有机肥深施，破除土壤障碍，打通杨梅株与株之间土壤隔墙。

一是增施有机肥和肥料的各元素协调。

二是提高养分有效性，改善土壤团粒结构，提高贮肥通气效能。

三是改善通气性，如砂砾土加黏土，黏土则加砂砾。

四是深翻改土，破除土壤障碍，如挖石换土，引根深入等。

(3)向下扩展，引根深入第三层

利用杨梅根系的“局部代偿”原理和趋肥性特点，对土层薄的园地需进行局部深层改良，如破石换土，对土层深、通气性差的园地，实施局部营养通气沟，提高深层含氧量和含肥量，引部分根深入深层。营养通气沟：在树冠下挖 2～4 个穴，深 60 cm，宽 30 cm，穴内竖埋草把，周围土中掺入有机肥和砂土，上盖小块地模(80 cm×80 cm)，使中间稍凹，以后施肥时顺草把流入深层。用营养通气沟施肥，可使“根找肥”变成“肥找根”，从而大大提高肥料的吸收效率。贮肥穴内的草把能起到肥水输送的载体作用，同时有利于保持土壤疏松和通气良好。草把腐烂后又为土壤增加有机质，穴内能形成大量吸收功能强大的网状新根。

(4)大量增施有机肥

土壤有机质含量是杨梅园土壤肥力的主要指标，也是生产绿色杨梅果品的基本条件。有机质缺少，土壤结构差，不利于养根。根系不良，供养不足，就导致树体不壮，产量波动，缺素症出现，质量不佳。土壤有机质作用有：营养成分全，利于微生物活动，促进团粒结构形成，土壤缓冲性强，生态稳定，使杨梅树新根壮，发根多，活力强，功能高，根系寿命长。据沈青山等 2020 年在仙居县宏友杨梅合作社杨梅基地试验，观测结果如表 4.3，不同有机肥对新根发生量有显著影响。

表 4.3　不同肥料对杨梅新根发根的影响

肥料品种	新根抽发条数
豆粕 5 斤①	242 条
有机菌肥 4 斤(山西晋科特牌子)	133 条
羊粪 10 斤	135 条
牛粪 10 斤	108 条
硫酸钾复合肥(47%)2.5 斤	53 条

注：a. 各处理株随机抽签定位。b. 离树主干 1.5 m，挖宽 120 cm，深 40 cm 土坑，坑壁整齐。c. 各处理肥料按数与土拌匀施入，上盖表土。d. 2018 年 3 月 3 日施下，5 月 13 日挖开施肥穴中清点新根。

(5)深翻扩穴

逐年扩大深翻，深翻部位在上坡和左右，深翻深度要求 30 cm 以上，时间：可在 2—3 月，也可以秋季进行。深翻的操作办法：以树干为中心每年逐步扩大，也可以第一年翻这一边，而第二年翻另一边，用四年完成全园深翻。

为提高深翻效果，在具体操作时应注意以下几方面。

①深翻挖出的表土与心土分别堆放。土壤回填时，先将表土填入底层和根系附近，以利根系生长，心土填在上层，使其熟化。

②深翻时尽量少伤根，尤其粗度在 2 cm 以上的根，如果损伤了粗根，应将断根伤口修剪平滑，以利愈合和促发新根。

③深翻时，一定要与前次深翻接茬，不留中间隔层。

④结合深翻应施入一定量的有机肥，增加有机质含量，有机肥需与表土混匀后填入深翻沟中。

⑤深翻应及时回填，避免根系久晒缺水，受冻损伤。

---

① 1 斤＝500 g，下同。

4.1.2　杨梅园的肥料管理

施肥是杨梅生长发育过程中补充所需营养的一项重要措施，杨梅虽然有菌根，能固定一定氮素肥料，但要达到速生丰产、优质丰产的目的，还应提倡科学施肥。即根据杨梅树施肥特点，适时、适树、适量进行合理的土壤施肥、叶面喷肥，增强树体的抗逆性、抗病虫性，避免缺素症，是杨梅安全优质生产的重要保证。施肥应在充分了解杨梅营养需求和果园土壤肥力等基础上，来确定施肥种类和施肥量。

(1)杨梅树需肥特点

杨梅主根不明显，侧根和须根较发达，70%～90%的根系在 0～60 cm 的土层中，尤其是生长在 10～30 cm 的浅土层。杨梅根系有根瘤(菌根)能固定一定的氮素肥料。通常成熟的根瘤比幼嫩和衰老的根瘤固氮率高，在土温 25～30 ℃时固氮活性高，一年中有两个固氮高峰，分别为 6—7 月和 10 月，1 月固氮活性最低；一天中以中午和夜间 12 时固氮活动最旺盛。而硝酸根会抑制其活性，因此杨梅施氮过多，不利于根瘤生长。

杨梅果实中氮∶磷∶钾＝20∶1∶26，叶片中为 17∶1∶12。未结果幼树的树体中氮含量最高，其次是钾、钙、镁及磷，其叶片内氮含量高于枝、干和根；成年结果树的养分含量，钾：果实＞叶＞枝＞根；氮和镁：叶＞果实＞枝、根；磷和钙：叶＞枝、根＞果实。可见果实生长发育需钾量较大，其次是氮和镁。

种在红黄壤山地的杨梅，土壤中氮、磷、钾含量普遍较低，杨梅虽有固氮能力，但还需根据杨梅的需肥特点、种植的立地条件，重视钾肥、氮肥的施用，适当补充硼、锌、锰等微量元素。成年结果树要注意磷肥的过量，过量使用磷肥，极易引起缺硼、缺锌、缺钼，并导致枝条短缩、丛生，果实变小，着色不良，甚至果实不能成熟。

(2)杨梅树施肥方法

幼树：以加速形成树冠为目的，形成尽量大叶面积，充分利用阳光，因此施肥要薄肥勤施，氮磷钾配比以 4∶1∶3.5 为宜，可以从种植第一年 6 月底每株半两[①]尿素冲水施下，到 11 月份再株施腐熟豆粕肥 0.5 斤，或腐熟栏肥 3～5 斤。第二、第三年，从 2 月至 8 月每月施一次液肥，株施尿素 2～3 两冲水施下，10 月施腐熟豆粕肥 1 斤，草木灰 2 斤；第三四年 3 月、6 月株施硫酸钾 1～2 斤，11 月施腐熟饼肥 3～5 斤或腐熟栏肥 30～50 斤。

初投产树：由于营养生长旺盛，梢果矛盾突出，坐果率较低，因此要求控制氮肥，增施钾肥，补充硼肥。年施采果肥一次，株施草木灰 10～15 斤，或硫酸钾 2～3 斤。采果后株施复合肥(N15、P16、K15)1～2 斤。

成年树：成年树需平衡树体生长与结果的矛盾，提高品质，氮磷钾配比以 4∶1∶5 为宜，应减少磷的施用量，增施钾肥，钾肥以硫酸钾为宜。要求年施肥二次，第一次施壮果肥，荸荠种 4 月下旬施，东魁 5 月上旬施，株施硫酸钾 1～2 斤或草木灰 15～30 斤；第二次采果后施，株施硫酸钾 1～2 斤加尿素 2～5 两，杨梅投产后对钾肥要求较高，施用钾肥后果实糖度增加，色泽鲜丽，根部菌根增多。

老龄树：一般要求年施三次肥。

第一次是采果肥。目的是恢复树势，长好夏梢，有利花芽分化，为明年优质丰产打基础。

---

① 1 两＝25 g，下同。

施肥时间，采后马上施，每株施肥量按 15 年生树，冠幅直径 3 m 左右的树体衡量：腐熟栏肥 20～30斤加硫酸钾 2～3 斤或腐熟豆粕肥 3～5 斤加硫酸钾 1～2 斤。

第二次是越冬肥。目的是促进花芽发育，让树体健壮越冬。施肥时期是 11 月中下旬，这次施肥要三看：一看树势，即树势壮的不施，树势弱的多施。二看花量，花量多的多施，花量少的少施或不施。三看秋梢，秋梢少的树早施多施，秋梢多推迟施，少施或不施。株施肥量控制在硫酸钾 1～3 斤或腐熟栏肥 30～50 斤，看树酌定。

第三次壮果肥，在 4 月下旬至 5 月上旬对结果多而树势又不强的树，每株可追施 1～2 斤硫酸钾。促进幼果发育，这次施肥切忌单施氮肥和磷肥，不然会导致果小味酸，后期落果严重。

根外追肥：根据不同生长期对各种元素的需要进行树冠叶片喷肥，是一种既经济又见效快的补肥方法。

如幼龄期在每次新梢叶片转绿期喷 0.2%尿素液，或 0.2%磷酸二氢钾，可促进叶片老熟，加速生长。

开花前，喷 0.3%硫酸锌液，进行补锌。

花期，喷 0.2%硼砂液，可提高花粉活力，并起到补硼作用。

幼果期，可喷 500 倍翠康生力液或西施镁 500 倍液 2～3 次，通过叶片补充营养提高单果重，每次间隔期 5～7 d。

果实发白期，可喷 500 倍翠康钙宝一次，进行补钙，提高果实硬度。

采果后，可结合病虫防治，多次喷 0.2%磷酸二氢钾加 0.2%尿素混合液，加快恢复树势，促进夏梢抽发。

冬季喷钼酸铵可提高抗寒能力。

4.1.3 杨梅园的水分管理

水分是杨梅生长发育的重要物质基础，是杨梅树体的重要组成部分，是进行一切生命活动的必要条件，缺水和水分过多都会影响杨梅生长发育，严重时会导致树体死亡。杨梅对水分要求较严，果实膨大期如遇干旱，会影响果实发育和膨大，降低品质和产量，又因杨梅都种植在山上，无灌溉条件，因此干旱时可对树冠叶片进行喷水，效果也好。

据柴春燕等(2005)试验，2004 年(6 月雨量偏少)，5 月 24 日、5 月 26 日、6 月 4 日和 6 月 8 日四次对荸荠种杨梅进行树冠喷水，其结果是喷水的单果重 12.0 g，比对照增重 33.3%，特级果实率达到 72.8%，均价是对照的 3 倍。但此期气温高，喷水时应在傍晚太阳落山后进行，且喷水量应适当加大，否则会使果实变软。

杨梅园土壤水分过多，土壤透气性降低，氧气不足，会抑制根系生长和养分吸收，严重缺氧，会造成根系死亡。

4.2 杨梅整形修剪技术

4.2.1 整形修剪的意义和目的

(1)整形修剪的定义

杨梅的整形就是将树体整成一定形状；修剪就是剪枝，以及其他许多措施，包括除萌、抹芽、摘心、剪梢、扭梢、缚枝、拿枝软化、刻芽、环割、环剥等。

杨梅定值后，就应根据栽植距离、品种、经营面积大小和环境条件等，决定把杨梅树整成什么形状，所以修剪的第一步是整形，也可以说整形是修剪工作的基础。整形是对树体骨干枝剪截，以造成一个特定的树形。修剪是对近年（当年枝条或 2～3 a 生枝条）枝条进行剪截。

(2)整形修剪的目的

整形修剪是杨梅栽培技术中的重要技术环节，在其他农艺措施的配合下，通过整形修剪，改善杨梅群体的生态环境，达到扩大群体受光面积，增加整体叶面积指数，改善群体透光通风条件，完善群体立体结果结构，达到优质丰产的目的。

①提早结果延长经济结果寿命

杨梅是多年生植物，幼树期营养生长旺盛，因此结果较迟。在整形修剪上可利用杨梅一年多次抽梢的特征，加速树冠形成，以疏删修剪、拉枝等措施促使幼树提早结果，并通过合理整形，把自然状态的树冠，改造成人为理想的树冠，培养成牢固的树体骨架，为丰产稳产打下良好的基础。对老树进行更新复壮，延长经济结果寿命。

②提高品质

合理的修剪，使杨梅树冠通风透光良好，形成内外结果，使各部位结果均匀，果实大小一致，着色整齐，增进品质。

③提高产量，克服大小年结果

通过合理的整形，构成杨梅树立体结果的基础，这也是提高产量的基础，通过每年的合理修剪，调节营养与生殖生长的矛盾，使之达到丰产稳产目的。

④提高工效，降低生产成本

杨梅树体高大，大树冠，管理操作极不方便，不但工效低，生产成本高，有时甚至极易产生劳动操作安全风险。通过合理整形修剪，控制树体高度，使树冠骨架牢固，从属关系明显，操作道通畅，使之操作简便，提高工效，降低成本，保障人身安全。

⑤抗御灾害和不良条件

通过整形修剪、增加树冠通风透光、减少病虫危害外，还可抗御不良条件和灾害，如合理修剪的树冠积雪量少，且大枝劈裂折断也较少。

杨梅通过合理整形修剪，虽然能达到以上目的，但必须在土、肥、水、保、管、工等密切配合下，才能充分发挥其作用，单一依靠整形修剪，不一定能达到目的。

4.2.2　整形修剪的原则及依据

(1)修剪原则

杨梅的整形修剪，首先要符合杨梅生长发育特征，其次是考虑有利于结果，有利于丰产、优质，再则是适合于当地的自然环境条件，就总体讲是提高整个杨梅园的经济效益。

①符合杨梅的生长特性

自然生长的杨梅树也有一定的树形，而整形修剪则是人为地加以调整，使其符合栽培者的需要，因此在整形修剪时，要“有形不死，无形不乱，因树修剪，随枝作形”。也就是说在整形时不能按照某种树形，死抠尺寸，成为机械造形，要按树体实际情况灵活掌握，虽然不成某种树形，但符合丰产树的基本要求也行。即结构合理、骨架牢固、主从分明、枝组紧凑。“因树修剪，随枝作形”，前者是从树的整体讲，杨梅要采用自然开心形，随枝作形是对局部讲，有些枝可先留，培养结果枝组，先用后剪。

②有利于结果

整形修剪的目的是有利于结果而且是“早结果，结好果”。也就是通过修剪使幼树早投产，并达到早期优质丰产，成龄树，年年高产稳产，老龄树延长经济寿命，这是衡量杨梅整形修剪是否科学合理的重要标准。

③有利于提高经济效益

杨梅生产是商品经济生产，杨梅整形修剪的总目的是要符合经济规律，有利于经济效益的提高，如果不能提高经济效益，再好的修剪技术也要被淘汰，随着劳动力价格的不断上升，一切复杂的人工修剪技术终究要增加生产成本。

④适合于当地具体条件

杨梅生长结果，除了品种不同外，还受环境条件的影响，所以修剪时除了考虑杨梅树本身外，还要考虑环境条件的变化。如，在土壤瘠薄的南坡山地上种杨梅，整形时应采用小树冠、低主干，在土壤深厚肥沃的北坡杨梅，则主干可略高，主枝数宜少，层间距宜大，零星栽植的杨梅树形宜略高大，而规模经营的杨梅树形宜矮。所谓“看天，看地，看树”修剪，就是根据具体条件和树体生长来决定修剪方法和程序，使修剪工作恰到好处。

(2)修剪的依据

杨梅品种多，生长结果习性差异较大，修剪方法不一样，树龄大小不同，修剪方法也不一样，树势强弱不一，花量多少不同，修剪方法也不一样，天气变化、海拔高低、生产环境不同等，修剪方法也不一样。因此，修剪只有因地制宜，顺其习性加以正确的诱导才能获得满意结果，也就是说整形修剪必须掌握修剪原则，灵活运用，不能千篇一律、生搬硬套。

①根据杨梅生长结果特性进行修剪

杨梅不同年龄时期其生长结果特性不一样。杨梅建园后，从苗木栽植到死亡的生命周期，也叫大周期，依据杨梅生长、结果、衰老、死亡的过程，在经济栽培中可分为幼树期、初果期、盛果期、老龄期、衰老期。在生命周期栽培上要注意“三防”，一防幼树期太长，结果晚，投产迟；二防盛产期太短，总体经济效益低；三防未老先衰，树体经济寿命短，应着眼于缩前、扩中、推后，重点保证盛果期的延长和产量的稳定，力争效益的提高，因此各期修剪目的都不一样。如幼树期以整形为主，为以后承担更多果实而培养好骨架，同时充分利用辅养枝培养结果枝组，为早结果打基础。进入盛果期后，要随时调节树势，注意结果枝组的培养与更新，严防大小年结果，进入老龄期要注意整个树冠的更新复壮，维持和延长经济结果年限。

②根据杨梅环境条件和栽培技术进行修剪

杨梅树体大，一个杨梅园就是一个大群体，一株杨梅树就是一个小群体，大群体由许多相对独立的小群体构成，其特点是在生存条件紧张时相互竞争，均衡削弱，其演化过程是前松后紧，前期光照、土地利用率低，后期生存因子紧张，相互竞争加剧，因此修剪重点要解决竞争矛盾，促进均衡生长。而一株杨梅树，由大量的根枝叶花果集合构成，各类器官有一定的独立性，又都集中在母体上，受树体统一营养分配和生理分工的制约，既有营养分配的竞争，又有体外生存条件的竞争，还有消耗器官本身矛盾，小群体有一种倾向性，占优势后要抑制另一倾向，如营养生长过头就会出现结果难，生殖生长过头则树势早衰，而在生长势方面表现为上强下弱，和外强内弱。激烈的竞争导致某些器官早衰、死亡，而合理修剪是调节各器官生长的平衡与协调。

③根据杨梅修剪后会出现的反应进行修剪

杨梅单株修剪后的反应是根据杨梅本身生长结果特性和环境条件，以及当年及前几年栽培技术下的综合反应，它是以后修剪的重要依据。修剪后的反应是多方面的，就全树讲是看生长势，当年生长量，包括当年抽生的枝条数及长度，以及节间长短、叶片大小、色泽、花芽形成情况，以便找出最适宜的修剪措施。

杨梅树由根系、枝叶和花果三大组构成，杨梅树地上部与地下部之间有多种相关对应性，如上下骨架对应，枝组、根组对应，新梢、新根对应，因此修剪时要考虑修剪后对应根系的反应，如修剪量大，会造成大根群死亡，树冠顶端优势控制过头，则根系分布浅等。

④根据总体的经济效益决定修剪

杨梅整形修剪是栽培中一项重要技术，直接影响到产量与质量。修剪时要考虑到这项技术效益究竟如何，要考虑长期效益，也要考虑当年效益，还要考虑到在一定土地面积内投入的资金、劳力的效益，因此修剪要有持续性和连贯性，力求简化修剪和省工修剪。

4.2.3　杨梅树冠结构

4.2.3.1　树冠结构

杨梅树的地上部分，以主干和树冠两大部分组成，如图 4.3。

(1)主干：自根颈以上，至着生第一个分枝部分，为主干，亦称树干。主干支持整个树冠的枝叶、花果。从根部吸收的水分，养分也经主干运到树冠各器官中，而地上部分叶片经光合作用制造的碳水化合物，又经主干运到根部。所以主干是否完整健壮，是树冠和根系生长的关键。

(2)树冠：主干以上分生的各种枝条总称为树冠，这些枝条又因着生部位，所起作用，以及生长势不同，又可分为主枝、副主枝及枝组。主枝、副主枝构成树冠骨架，又称骨干枝。

(3)主枝、副主枝：从主干上分生出的大枝，对树冠起骨架作用的称主枝，由于主枝分布位置及数量不同，而构成的树形也不同，因此在整形时首先要确定树形，再选留各种主枝，而用主枝延长枝的位置、距离、方向、角度来调节主枝的生长势。从主枝上直接分生出的大枝，同时也起到骨架作用的称副主枝，副主枝着生的位置、距离、方向、角度也有一定的要求，副主枝的生长势要稍弱于主枝。副主枝对扩大树冠，充分利用空间有重要作用，也是各枝组着生的主要基

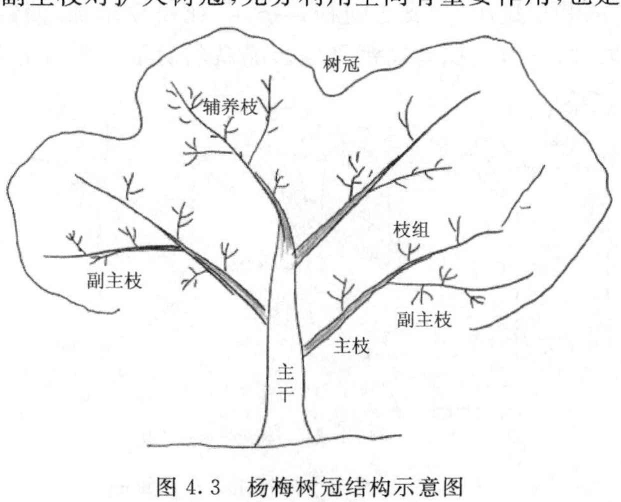

图 4.3　杨梅树冠结构示意图

枝，因此合理地配置在主枝上，有利于各枝组形成与结果。

(4)枝组：多个小枝着生在骨干枝上的独立单位，称枝组，是杨梅开花结果的主要基础。通常要求骨干枝适当少，而枝组要多。

(5)辅养枝：在骨干枝上直接着生的枝条，暂时保留，以充分利用空间，起辅助骨干枝作用，称辅养枝，在幼树和初结果时，主枝和副主枝在培养和形成中，有大量空间可利用，所以辅养枝又是初结果树的主要结果部位，随着树龄增大，骨干枝培养成功，辅养枝可以逐渐减少或删除。

4.2.3.2 树冠结构分析

(1)树体大小

杨梅树体高大，则可以充分利用空间，立体结果提高单株产量，但是大树冠，从根部吸收的水分、养分运送到叶片及果实距离长，同样叶片利用光合作用制造的碳水化合物向根部运送时距离同样长，养分无效消耗多。同时树冠高大，劳动生产效率下降，劳动操作中安全风险增加。所以杨梅规模生产时，要求树体减少在一定范围内，实行矮化栽培，当然树体也不是越小越好。

(2)主干高度

杨梅主干较短，一般是 10～20 cm，主干短则树冠到根系距离短，水分、养分运输方便，有利于树冠生长，有利于管理，还有利于防风、保湿。

(3)骨干枝的根数及层数

骨干枝和主干一样，本身不制造养分也不结果，是为树冠运输养分和支撑树冠作用。因此，在结构牢固和充分占领空间的原则下，骨干枝数量越少越好。如果是低主干自然开心形树形，则主枝 3～4 个，每主枝配置副主枝 2～3 个。

层内距：同一层内的主枝，上一个与下一个距离，称层内距。一般要求 10～20 cm。

层间距：第一层最上一个主枝与第二层下一个主枝之间距离。一般要求 30～40 cm。

树冠分层是杨梅树本身生长特性，在整形修剪时加以调整，使树冠内部通风透光，以利立体结果和提高品质。幼树和初产树可留 3～4 层，进入盛果期后逐渐改造成 1～2 层。

(4)骨干枝角度

主枝与主干之间角度大小，对树势生长强弱，结果早迟，产量高低，骨架的牢固性等影响极大，所以整形时要特别注意，如图 4.4。如角度过小，生长势强，光照不良，花芽难形成，座果率低；特别是主枝与主干的基角过小，分支之间相互挤压，死树皮增加，使结合力薄弱，随着树体增大，枝叶果增多，重力大，再遇上积雪或台风等影响就易劈裂。如果角度过大，则生长势弱，

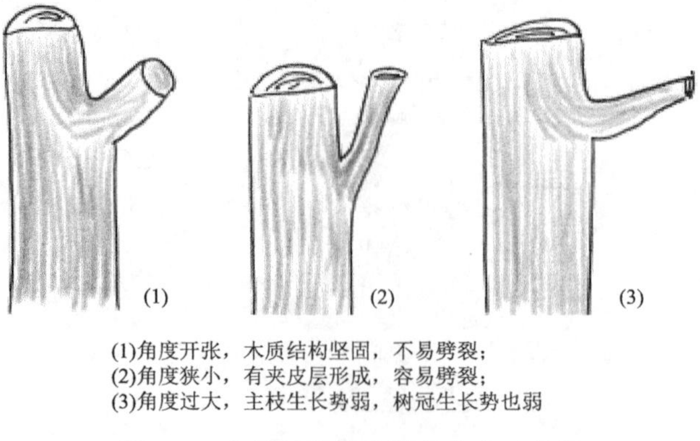

(1)角度开张，木质结构坚固，不易劈裂；
(2)角度狭小，有夹皮层形成，容易劈裂；
(3)角度过大，主枝生长势弱，树冠生长势也弱

图 4.4　主枝与主干分枝角大小示意图

光照好，早期丰产，但树势易早衰，易成“小老头树”，所以骨架枝的分枝角的培养很重要。

为了提高结果，缓和树势，同时又不使树早衰，主枝与主干的基角 50°～70°，以后腰角可以加大到 60°～80°，副主枝比主枝适当开张些，腰角 70°～80°。当主枝和副主枝不需要再延伸（树冠不再扩大）时，则加大梢角，并以弱枝当头。当然还应根据具体情况而定。骨干枝每年向前延伸，有两种方法进行调整，一种是直线向前延伸，另一种是剪口芽左、右、上、下延伸进行生长势强弱，和左右方向变动的调整（图 4.5）。

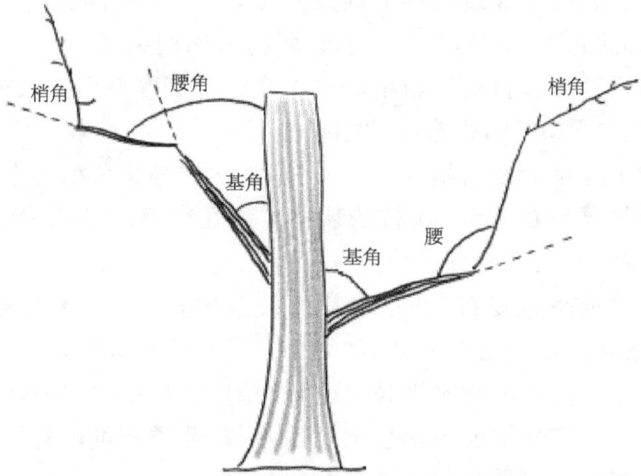

图 4.5　骨架枝角度的调整示意图

（5）枝组和辅养枝

辅养枝是当主枝和副主枝还没有占领它应占的空间而留下的临时枝条，在幼树期要尽量多留，以便枝多、叶多，辅养树体，促进整体生长，同时也减少修剪量，缓和树势提早结果。但在幼树整形过程中，辅养枝不是骨干枝。当它与骨干枝发生矛盾，影响骨干枝生长时，要及时回缩，减缓辅养枝的生长势，并将其改造成结果枝组或删除。

（6）与修剪有关的枝条名称及特性

杨梅枝条按一年内萌发时期可分春梢、夏梢和秋梢；按新枝发生的位置分为：发生在老枝上为一次枝、发生在一次枝上为二次枝、发生在二次枝上为三次枝；按枝条的姿势和相互关系可分为 11 种枝条，如图 4.6。

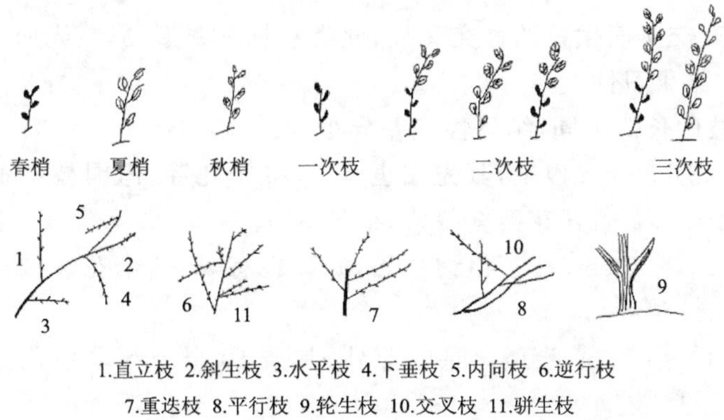

图 4.6　与修剪有关的枝条名称示意图

①按一年内萌发时期分

春梢:春梢发生量最多,但大部分春梢都成为夏梢和秋梢的基枝,而少量的春梢一次枝也能成为花芽,且花芽质量好,座果率也高,但枝条生长势都很弱,所结的果实偏小。

夏梢:杨梅以夏梢结果为主,69.6%夏梢能成为结果枝,也有部分夏梢成为秋梢的基枝。

秋梢:秋梢只有15.7%枝条能分化花芽,其花芽分化迟,所以花芽质量差,座果率极低。且秋梢大都在春梢和夏梢上再抽发,如果秋梢大量抽发将严重减少总体花量。

一次枝:在上一年枝梢的顶芽或侧芽上抽发的枝,为一次枝,如春梢一次枝,夏梢一次枝,秋梢一次枝。一次枝结果占46.8%,老龄树和衰弱树占比例更高。

二次枝:在当年新梢顶芽上再萌发新梢的称二次枝。有春夏梢二次枝,春秋梢二次枝和夏秋梢二次枝。二次枝结果占53%,是最好的结果枝。

三次枝:在二次枝上继续萌发新梢的称三次枝,三次枝都是秋梢为末端梢,抽发迟,错过了花芽分化期,因此它的结果是0。且三次枝的秋梢多是晚秋梢,容易引起冻害。

②依枝条的姿势或相互关系而分

直立枝:凡与水平线成垂直姿势,直立生长的枝条称直立枝,该类枝条生长势旺,座果率低,易造成树冠郁闭,可作老龄树更新复壮,和结果枝组改造更替用。

水平枝:与水平线平行生长的称水平枝,该类枝条生长势中庸,是成年树最好的结果枝。

斜生枝:与水平线有一定角度向上斜生的称斜生枝,此类枝可做骨架枝的延长枝左右方向调整和上下生长势强弱调整,以及良好的结果枝组培养。

下垂枝:枝条先端向水平线下垂生的称下垂枝,此类枝条多着生在树冠下部的外围,生长势弱,枝条纤细,幼龄树和初投产树可人为地进行拉枝、扭枝,使枝条下垂,缓和树势提早结果。而成龄树的下垂枝,可作适当回缩。

内向枝:枝条向树冠中心伸展的,称内向枝,此类枝条影响内膛光照,应及时删除或短截改造结果枝组。

逆行枝:枝条伸展的方向和附近各枝不同,而是倒逆的,称逆行枝。此类枝扰乱树形,应及时删除。

重叠枝:二枝在同一垂直平面内,上下相互重叠而生的称重叠枝,此类枝影响通风透光,应疏一留一或一长一短进行回缩改造成两个结果枝组。

轮生枝:几根枝条在同一点或发生很接近,且向四方放射生长的称轮生枝,此类枝不能选作骨干枝来培养。

交叉枝:二枝相互交叉而生长的称交叉枝,此类枝扰乱树形,影响光照,应及时删除。

③结果枝类型与结果习性

如表4.4,结果枝的长短不同,结果性能差异很大。

徒长性结果枝:长度30 cm以上,其先端也有5～6个花芽,但因枝条不充实,花芽发育不完全,荸荠种能少量结果,东魁开花后全脱落,结果率0。

长果枝:长度在15～30 cm,枝条粗细中等,先端也有5～6个花芽,荸荠种是较好的结果枝,但东魁座果率极低。

中果枝:长度在10～15 cm,除顶芽是叶芽外,其余10余个芽全是花芽,是成龄树最可靠的结果枝。

短果枝:长度在10 cm以下,有的仅仅2～3 cm,其上有2～4个花芽,结果良好,但由于生长势弱，商品果率低，是初投产树的主要结果枝。

表 4.4　结果枝基枝角度对春梢生长和座果的关系

基枝角度/°	枝条粗/cm	抽春梢条数	春梢总长/cm	坐果率/%
0～20	1.68	18.1	91.5	0.64
21～40	1.69	14.9	85.3	2.74
41～60	1.67	7.9	41.3	2.74
61～80	1.69	4.6	15.1	6.87
81～100	1.67	0.3	0.7	12.94
101～120	1.73	0	0	13.93

4.2.4　幼树整形

(1)树形选择

合理的树形是杨梅早结果、优质、丰产、稳产的基础。根据杨梅生长的环境条件和生物学特性，以及杨梅果形小，疏果、采果较为费工等因素，杨梅宜选择低主干自然开心形为宜，这种树形主干低，缩短了地下根系与地上枝叶之间养分的运输距离，有利于壮树和结果，树冠矮，可以减轻风害，提高杨梅的抗逆性，便于果园管理和采收。这种树形骨干枝数量少，并向四周及上方伸展，且从属分明，树冠内阳光通透性好，可形成立体结果，这种树形符合杨梅生长的自然特性，整形容易，修剪量轻，树冠形成快，进入结果期早，易获得早果，并且优质、丰产、稳产。

(2)低主干自然开心形的基本结构

主干高 5～15 cm，主枝 3～4 个，主枝在主干上分布的角度均匀，间隔距离适当，主枝基角为 50°～60°，每主枝配备 2～3 个副主枝，树高控制在 3 m 以下。

(3)低主干自然开心形的整形方法

低主干自然开心形的整形方法有两种。

第一种为边长边整。苗木定植后留干 25～30 cm 定干，剪口下 20 cm 左右为整形带，春季发芽后，将整形带以下抽发的新梢全部抹除，作为主干。在整形带内选留 3～4 个生长健壮分布角度和枝间距离适当的新梢作为主枝，其余全部从基部抹除。春梢老熟后，开始抽发夏梢，夏梢是幼树生长中重要的骨干枝，必须使夏梢生长粗壮有力，当一个春梢上抽发多条夏梢时，要选苗 2～3 条，一条作主枝延长枝，另 1～2 条作预备枝，其余全部抹除，夏梢老熟再长出秋梢后，对秋梢进行摘心，使其生长充实。

第二年，春季确定选出的三个主枝外，其余的长枝向下拉开角度缓和树势，对选出的主枝进行短截部分秋梢(短截时要选择好剪口芽，以剪口芽的上芽或下芽来调节主枝的延长枝的生长势，以剪口芽的左右方向来调节主枝的方位)，使之继续向前延伸抽发春梢、夏梢和秋梢，并离主干 70 cm 处选出第一副主枝，副主枝要选在主枝侧面略向下，位置比主枝延长枝略低，生长势比主枝略弱些。主枝上其余枝条全部短截，长短有别，促使多抽发新梢，早日形成结果枝组。

第三年，在完成三个主枝、三个第一副主枝的基础上配备第二副主枝，第二副主枝与第一副主枝间距 60 cm。对其余枝条进行促夏梢控秋梢管理，促进花芽分化。

第四年，春季对主枝、副主枝的顶端进行短截，促使抽发春梢继续向外延伸生长，其余枝条一律不剪并适当控制春梢抽发，提高座果率，达到第四年结果。

第二种为先放后整，也可以称先乱后理。种植第一年苗木 25～30 cm 定干，定干后 3 a 内任其自然生长，充分利用顶端优势和枝叶生长与根系生长的互动特性，促进树冠迅速扩大，到树冠高达 1.5 m 左右，冠径 1.2 m 以上时开始整形。首先按标准选出 3～4 个主枝，其次剪去树冠中心直立枝（开天窗，也称落头）控制顶端优势，缓和生长势。对选出的主枝，进行拉枝撑枝，和换头等改造，使主枝与主干的基角成 45°～50°，腰角加大 60°～70°，对主枝上的直立枝向下拉枝，拉枝促进树冠开张，缓和树势，培养结果枝组，对留下的大枝进行环割或环剥处理，促其结果，到影响骨干枝生长和影响树冠光照时再锯除。采用这种方法整形，操作简便，幼树生长快，进入结果早，是新区目前生产普遍使用的一种。

（4）幼年树整形应注意问题

①注意上强下弱

在培养主枝时，要注意上强下弱，解决方法时，对第一层、第二层主枝基角进行调整，主枝基角小的要加大腰角（70°～80°），基角大的则缩小腰角，增强树势，对其他强旺枝采取环割或环剥，促其结果。这样下部主枝必然转强，上部则以果压枝，逐渐转弱。

②控制大型辅养枝

大型辅养枝多发生在主枝的背上，尤其主枝开张或发生断裂时更易发生，辅养枝生长势强后，会严重影响主枝延长枝生长，使内膛郁闭。要对这类辅养枝进行拉枝成水平或下垂，以及环割、环剥，使其减弱生长势，成为良好的结果枝。

③防止基部主枝早衰

在培养骨干枝的同时，要充分利用其他枝条保护骨干枝，确保骨干枝生长势，防止变成“小老头树”。

4.2.5 修剪方法及其作用

杨梅修剪方法主要有短截、疏删（也称疏剪）、除萌、摘心、抹芽、拉枝、拿枝、掌枝、环剥、环割、刻伤等。各种方法及其作用简介如下。

（1）主要修剪方法及其作用

短截：剪去一年生枝条的一段。作用是促进新梢抽发，增强枝条生长势，能使生殖生长向营养生长转移，使弱树势向强树势转向，可减少结果促进树势增强。如图 4.7，短截的位置不同，促发新梢当年的效果也各不相同。重短截后，新梢数量少，但新梢会比较长；轻短截后（如摘顶）会萌发大量细小的新梢；中短截则新枝数量和长短会处两者之间。

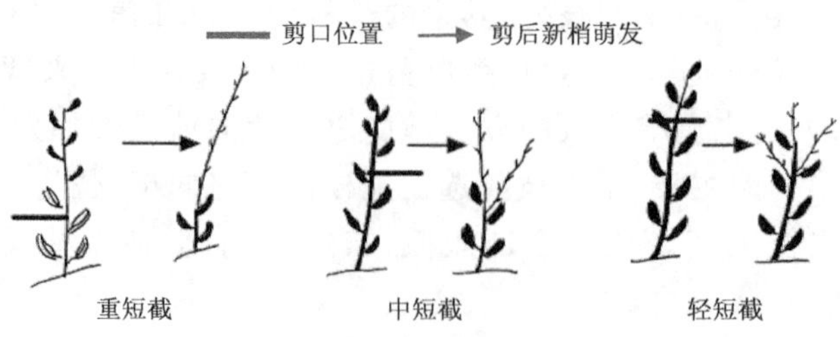

图 4.7　短截修剪示意图

疏删：也称疏剪，从枝条基部剪去，将枝条删掉故称疏删。作用：减少分枝，增强树冠内光照，节约养分促进结果，能使营养生长向生殖生长转移，使强树势向弱树势转化。

回缩：将多年生枝剪去一部分。作用同短截，回缩修剪多应用于树形改造，老树更新及结果枝组更新。

除萌：除去幼嫩的萌芽，大多在新梢生长初期，和新梢生长后期。作用：选优去劣，节省养分，提高养分利用，调节抽梢时期。多用于幼龄树树冠培养，老树更新复壮，大树交接换种和苗木培育。

摘心：在新梢停止生长前摘去新梢的先端部分。因杨梅叶片通过光合作用合成的营养，主要向上输送到生长旺盛的新梢部分，所以通过摘心可改变营养分配方向，促进枝条充实，提高着果率。

拉枝：把枝条向所需要的方向、角度拉开。通过拉枝可改变枝梢生长角度，调节生长势。通过拉枝可增大主枝腰角，让树冠开张，改善光照，缓和树势。

撑枝：支撑枝条，抬高枝条使之挺起，增强生长势，固定树体及枝梢，可以减少台风、雪灾对树体的影响和负载更多的果实、枝叶的负重。

环剥：是将枝干韧皮部剥去一圈。作用：阻止韧部的养分从上向下运输，从而调节被环剥以上枝条的生长，据试验表明环剥处理枝的含氮量明显低于对照枝，因此环剥能缓和生长势促进花芽分化，提高座果率，但环剥易造成树势衰弱，因此只能用于部分辅养枝和密植园中的间伐树。

(2)修剪时期和方法

根据杨梅物候期来确定修剪时期，在仙居主要是两个时期，一次是采果后修剪，也叫夏季收修。另一次是冬季修剪，时间是以 11 月为最适，过早易诱发晚秋梢或冬梢抽发，过迟易引起冻害。

①夏季修剪结果树叫采后修剪，杨梅采摘结束马上开始，要求在 7 月中旬前完成，这次修剪目的是改善树冠结构，通过修剪促进夏梢整齐抽发，因此对树冠高大郁闭的杨梅树，以降低树冠为目的，每年锯除树冠顶部的直立性大枝序 1～2 个，俗称“开天窗”，同时删除树冠外围密生枝、交叉枝、重叠枝、病虫枝、枯死枝、回缩拖地枝，内膛枝留桩 15 cm 左右短截，促发内膛新梢抽发，增加分枝级数，培养结果枝数。大枝修剪后，裸露的大枝干要用布片、报纸或稻草等包扎保护，以免枝干晒伤晒裂。对初生旺树或少花青壮树进行拉枝、环割，缓和树势，促进花芽分化。

②冬季修剪：11 月或次年 2 月。低海拔杨梅园宜早剪，以 11 月剪为宜，11 月修剪可避免晚秋梢抽发，又可使来年的春梢抽发量减少，对缓和树势、提高座果率有利。高山杨梅和衰弱树宜迟剪，以 2 月为宜。

冬季修剪时花芽已显现，因此要看树势、看花量进行合理修剪。多花树疏删部分长度在 5 cm 以下的密生弱花枝和长度在 20 cm 以上的强花枝来减少花量，集中养分，保证留下的结果枝花芽发育良好，同时又可减轻明年疏果的工作量。对少花树，要删去过强、过多的营养枝，尽量保留花枝。

(3)修剪技术

①盛果期树的修剪

盛果期的杨梅树，如果树形已造成，则修剪主要目的是使生长和结果保持平衡，防止大小年结果，防止树势早衰，以及提高品质。以下就几类枝条的修剪加以说明。

a. 结果枝组的修剪

主枝和副主枝上培养结果枝组，使其直接结果，因此在修剪时也要保持其生长和结果的平衡，如果枝组过分强旺，在修剪时要疏除强旺枝，留中庸枝、斜生枝、水平枝；如果整个枝组生长都强旺，可在枝组基部环割或环剥，使其生长进入平缓开始结果，对连续结果多年，枝条分生过多且纤细、密生、下垂，又远离主枝、副主枝的枝组要进行回缩更新或剪除。在一个主枝和副主枝上，要注意各枝组的协调，则大部分都结果，少部分作营养生长，一少部分更新。

b. 结果枝修剪

杨梅树成年树体较大，枝梢密集，如果每一个结果枝都进行细致修剪，在规模生产上是不可能的。所以应以枝组为单位或侧枝为单位使其一部分结果、一部分更新。如一株树约有50%枝条数(占全总枝条数)结果，就能丰收，如果结果枝数占70%以上，则为大年，明年亦易发生小年，修剪时就要疏剪一部分短果枝减少花量，留强壮枝结果，一少部分结果枝进行短截让其抽发春梢，这样就可以调节大小年。

c. 徒长枝修剪

徒长枝多发生在树冠内膛，如果内膛缺少副主枝及大型枝组，则对徒长枝进行适当短截，促其分枝，改造成结果枝组或培养副主枝，在层间有空当的徒长枝可进行拉枝，培养成各类枝组，如与骨干枝发生矛盾的则删除。

d. 其他枝条修剪

下垂枝、交叉枝、密生枝以及病虫为害枝和枯死枝，要分别采取回缩、疏删和剪除。

②衰老树的修剪

衰老树修剪目的是更新复壮，延长结果年限，修剪方法是对骨干枝及树冠进行更新、培养出强壮的新树冠，使其重新开始大量结果，衰老树更新修剪可分轮换更新和一次性更新两种。

a. 轮换更新

分三年完成。在更新期间对产量有所影响，但损失不大。第一年春季萌芽前对全树1/3的骨干枝(选骨干枝上花芽少的或骨干枝出现劈裂或遭受病虫为害的)进行重截(留下长约占原骨干枝长度的1/2)，对重截的伤口进行修正保护，使更新枝的锯口及锯口以下均萌发新梢，新梢抽发后，在剪口(或锯口)处选留1～2条方向、角度较好的枝作为主枝延长枝，其余新萌发的枝，对较密集的枝进行适当疏删外，其余均保留并进行适当短截，以培养成新的结果枝组，并使次年开始结果。第二年春又更新1/3，管理同上，第三年更新完。因为骨干枝不是同一年更新，发枝有先后，枝梢有长短，造成更新后的树冠呈波浪形，增加了结果容积，内膛通风透光也良好。

b. 一次性更新

杨梅进入衰老期以后，树冠外围枝渐渐衰弱直至枯萎，而主枝主干基部已抽生出健壮的枝条，这类树可以采用一次更新。在春梢发芽前，于新发枝梢上部锯去所有衰老、死亡或半死亡大枝，对大伤口进行保护。对于所发更新枝进行整理和定向培养。所留下的一部分主干及主枝，如有树洞，劈裂、折断及病斑，要刮涂消毒、堵塞，以恢复长势。

无论采用哪种更新方法，在更新前1～2 a，对需要更新的树，于树冠四周挖环状沟，剪去一部分衰老根系，并填以腐熟有机肥与土壤拌匀后施入沟里再复土。如果整园树都更新，对根部修剪和施肥也可隔年隔行进行。

③长期放任不剪树的修剪

长期放任没有修剪的树，一般都是主侧枝不分，骨干枝多，内膛光照不良，树冠下部枯死枝多，结果部位外移，造成表面结果，产量逐年下降，品质差、果形小。这些树在改造时应做到“因树造形，无形不乱”。大体上分成二类，一是有中央主枝树的改造，二是无中央主枝树的改造。

a. 有中央主枝树的改造

这类树树体高大，树上有中央主枝。主枝着生于主干上，往往主枝、副主枝从属关系不明，且过多在主枝上成轮生状。一般可将其改造成变则主干形或疏散分层形。层次 2～3 层，主枝 5～7 个。改造方法是选定各层主枝及主副枝，主枝要基角大（60°～70°）、方向好、生长势强；对于妨碍主枝生长的大型铺养枝可疏去 1～2 个，改造 1～2 个使其成为大型结果枝组，或在疏去前于基部环剥，使其结果后，再逐步回缩，最后疏去。同时注意打开层间距，保证内膛光照良好。再是将中心主干逐渐剪短后，最后落头到最上端一个主枝上。对生长势弱的主枝，除了抬高梢角外，其背上有大型枝组，生长势强，则采取转主换头。对结果枝组分 1～3 a 改造更新，首先使其回缩近于骨干枝上，疏除密生的，使结果枝组在近骨干枝附近结果、生长、更新、回缩。

b. 无中央主枝的树形改造

这类树要选定在主干上的上下错落、方向、角度适宜，生长健壮的主枝 3～5 个，其他枝条多采取回缩、疏删或环剥促其多结果后再短截或删除。首先要保证主枝的方向及其生长位置，然后安排副主枝。对于似乎是中心主枝，但又不是中心主枝的枝，以及对树冠中心郁闭起主要作用的大型辅养枝或枝组，要坚决压缩删除，但在方法上可分年逐段压缩，不要一次就解决，如果操之过急，不但影响产量，还会严重影响树势，并引起骨干枝的日灼病发生。对于结果枝组的修剪，可以与上相同。

④高大树冠改造修剪

有些杨梅树很高大，树高 5～10 m，带来管理不便，且疏果、采摘难。对于这类树的改造修剪如下。

a. 确定主枝

选择位置适宜、生长势强弱、大小较一致的 3～5 个大枝作主枝，主枝与主干基角在 60°～70°，上一级比下线主枝细且短，以免造成上强下弱。

b. 配置副主枝

在主枝的侧方选粗度比主枝略小、长势略弱、位置适当的大枝作副主枝，副主枝在下方的宜长，渐向上，则渐短。

c. 开天窗

骨架枝确定后，就开始实施开天窗，降低树冠。降低树冠应分年实施，第一年将没有选上骨架枝大枝顶部直立性枝序锯掉 1～2 个（称大落头），没有直立枝序，可锯去树冠上部 2～3 个斜生枝序让阳光透入树冠中下部，促进内膛中下部大枝萌发新梢。第二年继续锯除树冠上部没有锯除的大枝上的枝序 2～3 个，并对树冠外围拥挤的密生枝进行疏删或重回缩，促使树冠内膛和中下部大枝上再萌发新梢。第 3 年将树冠顶部留下的大枝序锯完，继续对四周过密枝序重回缩，直到将树冠降到 3 m 以下，形成凹凸立体结果的新树冠。

d. 骨干枝修剪

骨架枝在其按从属分明、生长势强弱进行调整的同时，对其他大枝按对骨架枝遮阴程度，直接生长势影响程度，结果性能强弱等情况进行逐年回缩锯除。

e. 枝组更新

对衰弱结果枝组和短果枝群进行重回缩或删除，充分利用副主枝上的侧枝和内膛枝培养新的结枝组。

f. 高大树冠改造注意事项

改造前对全树仔细观察，如何改造做到心中有数，一次定位分步实施。修剪时先剪大枝，再剪中枝，最后剪小枝。

改造树形应循序渐进，不可操之过急，否则会修剪过重，而使树势衰弱，导致改造失败。

一次修剪量不能太重，年修剪量不能超过全树枝叶量的 30%。

⑤衰弱树的修剪

所谓衰弱树指未老先衰，往往是管理不善，俗称“小老头树”。这类树，首先要加强肥培管理，病虫防治，再配合修剪，才能转弱为强，达到丰产优质。修剪时要注意以下几点。

a. 全树修剪程度宜轻

衰弱树如果进行重剪，剪口不易愈合，而且会自剪口向下枯死，同时会引起部分根系死亡，故宜轻剪。

b. 以短截修剪为主

在全树轻剪的基础上，每一枝条修剪都以短截为主，因全树衰弱时，往往枝条基部芽及隐芽都较差，很难抽发，因此短截修剪，剪口芽多饱满芽，这样才能多抽发健壮新梢，早日恢复树势。

c. 短截结果枝

衰弱树除了加强肥水，病虫管理外，因限制结果，使其多抽枝，所以通过短截结果枝，限制结果，又能促发新梢萌发。

d. 保护骨干枝

衰弱树大多枝叶少，再行修剪，即使再轻，枝叶也会更少，因此大枝易受日灼，故衰弱树修剪后应对骨干枝及其他大枝涂石灰浆或其他遮阴措施，以防日灼。同时减少树体水分蒸发。

⑥移植杨梅大树修剪

a. 移前准备

移植大树，几年前就要做准备，在移植前先开始断根，而断根分 2 a 进行。第一年早春，以根颈为中心，以树冠半径划园于地，沿园周挖深 40～60 cm 的半圆形沟，并以斜 45°向树中心挖，将挖到的根切断，断口修平，再在所挖掘之深坑内填入腐熟有机肥拌上表土和细砂，促进根的切口多发须根，次年早春再将另半园进行挖沟断根、填肥土，方法同上。待到来年需要移植时，挖去四周沟中土，土球已形成，只要适当再向树中细心挖去土，以少伤根为原则，则可用草绳、麻皮、尼龙布等包扎土球。

b. 骨干回缩

在开环沟断根的同时对树冠骨干枝进行回缩修剪，通常主枝所留长度以主干周长的 5～7 倍左右为宜。

c. 树冠回缩

移植时进行重修剪，采用短截方法来缩小树冠，不论主枝、副主枝、侧枝，均不能从基部删去，应剪去先端，留其枝干。如果原有树形不良的，则利用此机会改良树形，对骨干枝进行选配，使从属分明长短结合。

d. 枝要留叶

剪去的大枝剪口附近，必须有小枝，不论主枝、副主枝、侧枝，短截时，其伤口附近都要有小枝，这样大枝还有部分带叶片的小枝，能吸收水分、养分，伤口易愈合，使大枝生长良好。

e. 先剪大后剪小

适当保留内膛小枝梢，以防枝干受日灼，内膛枝作为荫蔽用，修剪时应先锯大枝，而后剪小枝。

⑦杨梅密植园改造修剪

a. 要确定区分永久树和间伐树，永久树仍先考虑骨架树形和丰产。而间伐树以结果为主，如二者发生争光、争空间矛盾时，间伐树要让位给永久树。

b. 间伐树要控制树体，应以疏散修剪为主，疏除重叠枝、交叉枝、内膛细弱枝，但不能短截，如临近永久树的大枝，要逐步回缩进行空间让位。

c. 准备移走的第一批间伐树或第二批间伐树都要做移植准备，可参照杨梅树移植修剪，间伐树移植或间伐，按梅花式减少，并分年进行。

⑧修剪技术的综合运用

杨梅树是一个整体，在修剪时不但要注意一个骨干枝，一个枝组的修剪技术，更重要的是依据当地土质、地势、管理水平、品种以及修剪时期和已造成的树形、树龄等总体考虑，如何运用综合的技术，使杨梅树达到优质、丰产、稳产和延长经济寿命，并能降低生产成本达到高效目的。

a. 整体控制

通过修剪来调整杨梅树整体以及它和局部的关系，就全树讲是生长旺盛或衰弱。就局部讲，是地上部与地下部，上层与下层，内膛与外围，骨干与枝组，背上与侧下，以及骨干枝之间、枝组之间的强弱等进行调整，使之相对平衡，整体健壮，中庸，有利于生长和结果。

修剪前对全园和典型树进行观察分析和判断，确定树势是强旺，还是中庸或衰弱，土质好差，肥力足不足，排水是否良好，病虫危害情况，以前的整形修剪情况，特别是近 1～2 a 管理情况等来了解树体营养状况。

通常情况下，幼树一般都是旺长，有一定的徒长枝，如果幼树不旺，就是“小老头树”。盛果期树往往健壮且稳，如果健而不稳，表现在生长枝与结果枝，长梢与短枝比例不协调，则是大小年树了。

b. 杨梅树整体控制主要措施

强旺树：应缓和树势。

修剪措施：轻剪，以疏删修剪为主。开张骨干枝的基角和腰角，骨干枝的延长枝以弱枝做头，剪口芽留下芽或侧芽。

衰弱树：应进行复壮。

修剪措施：以短截修剪为主，轻剪为宜。去弱枝留长壮枝，留向上枝，剪口芽留上芽。减少结果枝，保留利用徒长枝。加强土、肥、管理，全树先缓养再更新。

上强下弱树：应控上促下。

修剪措施：开天窗，改善内膛光照条件，树冠上部多疏枝，少短截，去强枝和直立枝，留中庸枝和平、斜枝，多留结果枝，多结果，以果压树。树冠下部多回缩，去弱留强，去下垂留直立和斜生。

外强内弱树：应缓外养内。

修剪措施：外围多疏强枝，少短截，疏长枝和直立枝，留斜枝和中庸枝，骨干枝延长枝留弱枝做头，缓和树势。外围多留果，内膛小留果。内膛疏弱枝，留强壮枝，养壮后再更新复壮。

大年树：花果过多，由于开花结果过多，消耗了大量养分，使树势变弱，当年花芽分化少，次年就成为小年。

修剪措施：冬季修剪时疏除部分短结果枝，减少花量，并保留生长枝。春季开花前短截部分长结果枝，促使抽发春梢。疏除部分幼果，减少挂果量。

小年树：花量、果量均少，树体营养消耗少，防止当年花芽大量形成，次年又是大年。

修剪措施：小年树冬季修剪时见花就留，同时适当疏除部分营养枝。幼果期剪除部分强旺的早春梢，把养分集中到幼果发育上，提高结果率，达到少花不少果。

4.2.6 修剪操作技术

(1)枝条的剪截

剪裁一年生枝条时，应从芽的对面下剪刀，使剪口成45°角的斜面，剪口上方和芽尖相平，这样，剪口伤面小，容易愈合，剪口芽生长良好，这在苗木剪砧，幼树整形，骨干枝的延长枝的培养尤为重要，如图4.8。

(a)剪口合理　(b)剪口平度大　(c)剪口苗桩太长　(d)剪口过斜

图4.8　1 a生枝剪截法示意图

对3 a生以上大枝剪除时，应一手握剪，另一手把枝条向剪刀切下的方向轻推，两手同时用力，枝条便迎刀剪下。如果该剪的枝条太粗，应用锯。

(2)大枝的锯除及伤口处理

锯除大枝时最好先从枝的下侧锯起，深入1/4时，再从上侧向下锯。因为从上侧向下锯，虽然操作方便，但锯到一半时，因枝条本身重力向下压易造成枝未锯断，先劈裂成皮干撕裂。也可以分2次锯，先将枝条上部大部分锯掉，留下一长段残桩，再将残桩锯除，如图4.9。

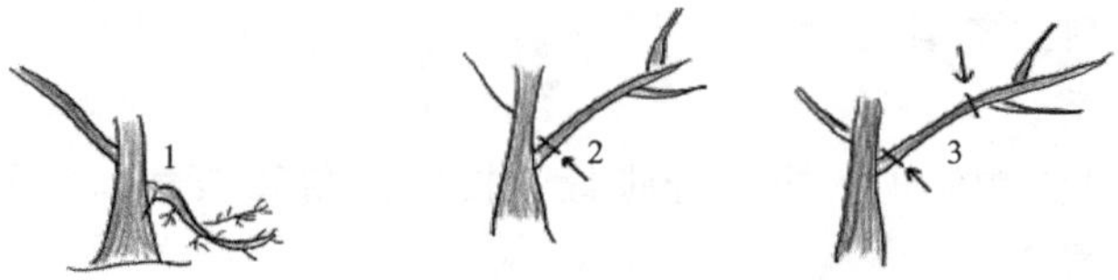

1.方法不当而劈裂　2.下侧锯1/4，再自上侧锯下
3.分2次锯法：留一长桩，再去桩

图4.9　大枝锯除示意图

锯口是否适宜，直接影响锯口愈合，一般是锯口上方紧贴原来基枝，下方在基枝上高出1～2 cm，这样伤口较小愈合快，如果全部紧贴基枝则伤口大，不易愈合，影响树势，如果留桩过高，桩易失水而成干桩，干桩易感病菌而成霉桩或烂桩，如图4.10。

伤口保护：凡直径超过2 cm的大伤口，锯后马上用削枝刀或嫁接刀将锯口修平，再涂上2%的硫酸铜液，或石硫合剂余渣。最简单的方法也可以用黄泥浆涂上，也有一定保护作用。如果在夏季(高温天气下)进行锯大枝，要让锯下的大枝挂在原位，不要拿掉，让这些枝叶能暂

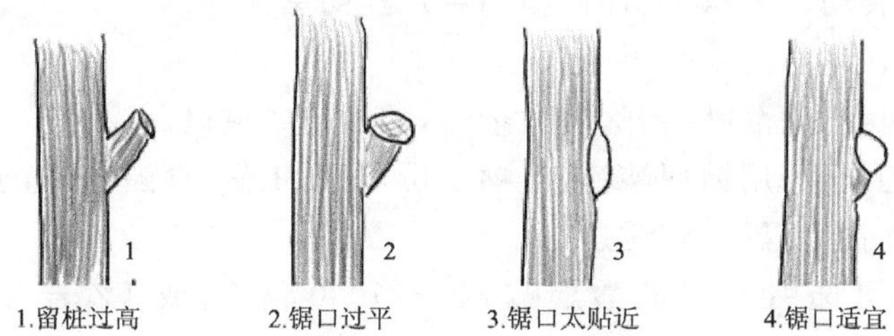

图 4.10　锯口示意图

时再挡光遮阴，防止主枝日灼病发生。

(3)整形修剪应注意的问题

①在修剪前，要调查了解历年产量、管理情况，以前整形修剪的方案，尤其要看当年的生长情况以及上一年修剪的反映。先看全园，再对要修剪的树上、下、内、外，整个树冠生长势强弱，枝条长相、稀密以及花芽分化情况进行观察分析，再进行修剪。

②修剪时要先上部而后下部，要先锯去或剪去大枝，然后中枝，再小枝，要使自己修剪的意图明确地表示在树上，使别人一看就明白，哪几个是主枝及副枝，哪些是大型辅养枝，哪些枝组是结果为主，哪些是准备回缩更新，一目了然，避免以后年年修剪，年年变，或无目的无重点地乱剪。

③修剪人员在修剪时，要穿软底鞋，不穿硬底鞋，更不能穿皮鞋上树。衣服袖口扎紧，多用梯子少直接上树，注意保护骨干枝树皮，以及骨干枝上的剪口芽。一个骨干枝要从内向外剪，人要从内向外退，使剪后的小枝或剪口芽不至于折断或损伤。

④一株树剪完后，要复查一遍，以便修正修剪时的不足和错误之处。

⑤修剪或锯除病害枝后，要立即把使用的修枝剪、手锯用 0.1%升汞水消毒后，再剪其他无病树或无病枝。修剪下的病虫枝要集中烧毁。

⑥修剪时要一人一树，不能 2 人同在一株树上修剪，有人在树上或梯上修剪时，其附近的下处，不允许同时有人工作，过往的人也要当心，以防锯断大枝或手锯、剪刀等失手掉下而打伤人，如果上树修剪，一定要注意脚下大枝是否牢固，特别注意安全。

4.3　杨梅病虫害

4.3.1　卷叶蛾类

卷叶蛾又叫卷叶虫，属鳞翅目卷叶蛾科，为害杨梅的卷叶蛾主要是小黄卷叶蛾、褐色卷叶蛾及拟小黄卷叶蛾。

3 种卷叶蛾在仙居一年发生 4～5 代，其中褐色卷叶蛾为 4 代，大都以 3～5 龄幼虫(少数以蛹)在卷叶内越冬。次年春季当气温回升至 7～10 ℃时开始活动为害。除第一代发生较整齐外，其余各代常有重叠。在杨梅上以 4 月底至 5 月中旬、7 月上旬至 8 月下旬幼虫为害最重。

危害幼虫在初展嫩叶上吐丝，缀连叶片呈虫苞，潜居缀叶中食害叶肉。当虫苞叶片严重受害后，幼虫因食料不足，再向新梢嫩叶转移，重新卷叶结苞为害。杨梅新梢受害后，枝条抽生伸长困难，生长慢，树势转弱。严重为害时，新梢一片红褐焦枯。

防治措施如下。

(1)冬季剪除虫包，扫除落叶，铲除园边杂草，减少越冬虫口。

(2)利用成虫的趋化性，用糖酒醋液(红糖 1 份，黄酒 1 份，食醋 4 份，水 16 份混合成)进行诱杀，利用成虫的趋光性，用黑光灯诱杀。

(3)幼虫始害时，可选用 40%硫酸烟碱 800～1000 倍液，或 1%苦参碱醇 500 倍液喷雾防治。

4.3.2 蚧类

为害杨梅的蚧类，主要有柏牡蛎蚧、榆蛎盾蚧、樟盾蚧、吹绵蚧、红蜡蚧等 14 种蚧壳虫。

在本地一年发生 2 代，以受精雌成虫在杨梅枝条、叶片上越冬，次年 4 月中、下旬气温在 20 ℃以上时出现第一代卵，5 月中旬第一代若虫孵化蛹散，6 月中旬出现第一代成虫；第二代于 7 月下旬开始孵化，8 月上旬为孵化盛期，9 月上旬为固定若虫期，10 月上旬若虫变为成虫。为害严重时造成大盘落叶，枝条和植株枯死。

为害状况基本相同，以雌成虫和若虫，群集在 2～3 年生的杨梅枝条及叶片主脉两侧和叶柄上吸取树体汁液。叶片被害后，呈棕褐色，叶柄变脆，脱落，枝条被害时出现大量落叶，枯死，严重的全株枯死。

防治措施如下。

(1)保护利用天敌瓢虫、小蜂等开展生物防治，禁用对天敌杀伤力高的农药。

(2)清洁果园：结合修剪，及时剪除枯死枝和虫口密度高的病虫枝，集中烧毁；清除杨梅园边杂木杂草，减少中间寄主，减少虫源。

(3)冬季清园：每年 11 月或次年 2 月用波美 3～5 度石硫合剂喷雾，即可杀死蚧壳虫，又可给树体补充硫。或可用 10 倍松碱合剂，或 99%绿颖乳油 200 倍。

4.3.3 粉虱类

粉虱有杨梅粉虱、油菜黑胶粉虱、柑橘粉虱、黑刺粉虱。

一年发生 1 代，以 2 龄以上幼虫在黑色蛹壳下越冬，次年 3 月下旬化蛹，4 月中旬至 5 月上中旬羽化。成虫羽化以日平均气温 18 ℃左右，相对湿度大于 80%，时晴时雨天气最适。

以幼虫群集于新梢叶片背面吸取汁液，危害幼嫩的新梢叶片，影响枝梢正常生长，以 6—7 月发生危害较重。严重时每片叶上群集近百头，幼虫分泌大量蜜露状排泄物，从而诱发煤烟病，严重影响光合作用，导致枝枯叶落，树势衰弱，产量下降。

防治措施如下。

(1)保护利用瓢虫、小蜂等天敌，以虫治虫。

(2)结合清园，剪除枯死枝及虫口密度大的枝条，集中烧毁，减少虫源。

(3)剪去生长衰弱和过密的枝梢，使杨梅树通风透光良好，降低发生基数。

(4)喷药防治：果实膨大前期(5 月上中旬)、采收后和发芽萌发前(2 月下旬—3 月上旬)是防治的关键时期。一般发生的果园在果实膨大前期和采收后各喷一次。可用 99%的敌死虫乳油(机油乳剂)300 倍液加 25%扑虱灵可湿性粉剂 1000 倍液喷雾；特别严重果园，按一般时期加喷一次即可。

4.3.4　白蚁

白蚁蛀蚀根颈及树干木质部，于皮层修筑孔道，造成树干及主根系损伤，导致树体死亡。

防治措施如下。

(1)及时清除果园边的杂木，挖去树桩及死树，减少虫源；

(2)黑光灯诱杀，有翅白蚁成虫有趋光性，在 6—8 月闷热天或雨后的傍晚，待有翅白蚁飞出巢时亮灯诱杀；

(3)人工诱杀。4—10 月，在白蚁为害区域，每隔 4～5 m 定一点，先削去柴根，挖深 10 cm 长 40 cm 宽 30 cm 的浅穴。选择白蚁爱吃的食物，如松木粉、甘蔗渣、狼萁等，其上压土块或石块，保持一定水分，以后隔 3～4 d 检查一次，如发现白蚁诱集较多时，立即用白蚁粉喷洒，集中灭蚁。也可用甘蔗渣扎成粉，拌上白蚁粉后，用纸包成小包装进透气的薄膜袋里，零星分散地放在杨梅树地面上，再压上 1～2 块石块，引诱白蚁取食，使其带毒返巢，共染而死。白蚁粉的配制：亚比酸 46%，水杨酸 22%，滑石灰 32%。

(4)扑灭蚁巢：白蚁越冬期，找到蚁道，用人工挖巢法消灭白蚁，或用压杀虫烟法整巢消灭。

4.3.5　天牛类

天牛俗称盘根虫、蛀木虫、烂根虫，属鞘翅目天牛科。为害杨梅的有白斑星天牛、褐天牛、茶天牛。一年发生一代，成虫于 4 月下旬开始羽化，5、6 月为羽化盛期，交尾后 10～15 d 开始产卵。

主要是幼虫潜入杨梅近地表主干内蚕食为害，常导致植株生长不良，造成树势衰弱，或枝干折断甚至整株死亡。起初成虫产卵于主干近地表的浅皮层，而后幼虫孵化蛀入木质部取食为害，蛀孔有粪便排出。

防治措施如下。

(1)4—8 月成虫产卵期，清除主干周围的杂草，并将主干涂白。涂白剂配方：用石灰 5 kg，硫磺 0.5 kg，食盐 100 g，动物油 100 g，水适量调成糊状涂白。

(2)清明前后和秋分前后检查树体，凡有新鲜虫粪出现可用细钢丝钩杀入木幼虫。

(3)用 5 mg/片的克虫星溶水 10 ml，用注射器把药液推入虫洞，用泥封除虫道(克虫星药片是动物用抗寄生虫药，兽药店有售，能杀死多种果树枝干虫)。

(4)人工捕杀成虫：在 5—6 月晴天中午或傍晚进行。成虫一般多于晴天中午栖息枝端，在树枝上交尾时人工捕杀。

4.3.6　杨梅果蝇

杨梅果蝇属于双翅目果蝇科，又称红眼果蝇，以幼虫为害果实。

在冬春季，气温在 10 ℃以上时，就可见到成虫活动。正处杨梅开花幼果期，果蝇外迁到附近枇杷等早春果园觅食，到 5 月份后杨梅进入硬核期，果蝇回迁繁殖。果实由青转红时，成虫产卵于果实肉柱间，后孵化成幼虫，也会胎生幼蛆，繁殖很快。

成虫在杨梅果实上产卵，幼虫孵化后钻入果实取食，使被害果成为蛆果，失去食用和商品价值。从果实开始成熟至采收结束，果蝇幼虫为害逐步加剧，就不同品种而言，东魁采摘期偏晚，果蝇发生量大，易受果蝇危害。杨梅园是果蝇栖息的主要场所，冬季虫源主要集中在果园住房、畜厩前后的树木、杂草丛中，以及垃圾、家畜粪便堆放处或附近的树荫下、草丛中。

防治措施如下。

(1)清洁果园。5 月中下旬开始，气温升高，果蝇开始产卵繁殖。清除腐烂物、杂草、枯枝落叶，集中销毁，减少蝇源。垃圾集中堆放，暴露于阳光下，制造不利于果蝇取食、产卵的生活环境。

(2)将人工疏下的幼果，成熟前生理落果和成熟采收期的落地烂果及时捡起集中送到杨梅园外有一定距离的地方进行深埋，可有效降低杨梅采收期果蝇的虫口密度，以减轻危害。

(3)适时采收。杨梅果实成熟应及时采摘，以免成熟杨梅成为果蝇产卵繁殖场所，增加虫口密度。

(4)诱杀成虫。即每年 4 月初气温回升至 20 ℃左右，越冬果蝇开始迁出繁殖，5 月初杨梅果实生长，果蝇逐步回迁；提前使用用香蕉、蜂蜜、食醋、敌百虫配制成诱杀剂(比例是香蕉 10、蜜蜂 10、食醋 6、敌百虫 3)，或敌百虫、糖、醋、酒、水按 1∶5∶10∶10∶20 配制成诱饵，用塑料钵装液置于杨梅园内，每亩放置 6～8 钵，做成诱饵，于虫源处和园内布点放置，诱杀成虫。也可用黄色黏虫板于杨梅成熟期间，直接悬挂于结果树内膛枝上，每株一张，效果也较好。

4.3.7 杨梅褐斑病

杨梅褐斑病又名杨梅炭疽病，属真菌性病害，主要为害叶片，进而使花芽和小枝枯死，严重影响树势和产量。

病菌以子囊果在病叶中越冬，在浙江 5 月中旬以后借雨水溅泼传播蔓延，8 月中下旬出现新病斑，10 月份病斑增多，10—11 月出现大量落叶。该病一年发生一次，无再次侵染。土壤贫瘠，缺少肥料，树势弱容易发病，排水不良的粘重土壤上的杨梅发病严重。

开始时在叶面上出现针尖大小的紫红色小点，以后逐渐扩大，呈圆形或不规则形。病斑中央红褐色，边缘褐色或灰褐色，直径 4～8 mm。后期病斑中央转变为浅红褐色或灰白色，上面散生灰黑色小粒点(子囊果)，多数病斑可连接成斑块，病叶最后干枯脱落。

防治措施如下。

(1)通过改善杨梅生长环境，增强树势。如使园地排水良好，并改善树冠光照条件。杨梅园要一年一次深翻，使土壤中含氧量提高，促进根菌活动，多施饼肥草木灰等农家肥，改善土壤理化性状。及时清扫落叶集中烧毁，减少病源菌。

(2)注意杨梅树整形修剪，增强树冠透光度，剪除枯枝病虫为害枝，降低园间湿度。

(3)冬季清园，及时清除园内枯枝落叶，集中烧毁，减少病原越冬，有效地防治该病发生。

4.3.8 杨梅癌肿病

杨梅癌肿病又叫杨梅溃疡病或杨梅疮，是一种细菌性病害。主要为害杨梅枝干，尤以 2～3 a 生枝条受害最为严重。

病菌在病枝的肿瘤组织中越冬，次年春天从瘤体表面溢出菌脓，主要借雨水传播，从树体伤口和叶痕处侵入。地势低洼、排水不良、管理粗放的果园，树龄较大、树势衰弱的杨梅容易发病。

初期病部产生乳白色的小突起，表面光滑，以后逐渐增大形成表面粗糙的肿瘤。小枝被害后，形成小圆球状的瘤体，直径一般为 1.5～2 cm，大的可达 10 cm 以上，造成肿瘤以上的部位枯死。一个枝上的肿瘤少者 1～2 个，多者达 4～5 个或更多，一般多在枝节部位发生。树干被害后，树皮粗糙开裂，凸凹不平，也有隆起的肿瘤。由于肿瘤阻碍树体内营养物质的运输而导致树势早衰，严重时引起全株死亡。

防治措施如下。

(1)认真做好冬季清园：春季萌芽前剪除带瘤小枝，集中烧毁。大枝干上的肿瘤可用利刀削除，削口可用 80%402 的抗菌剂 50 倍液或硫酸铜 100 倍液涂抹消毒。

(2)喷药保护。清园后及时全面喷施一次石硫合剂(石灰∶硫磺∶食盐∶食用油∶水＝100∶10∶1∶1∶500)保护树体。

(3)注意树体保护。杨梅采收时穿软底鞋上树采收，以免树皮破损，引起感染，尽量减少伤口。在日常管理中尽量避免树体机械损伤，以防病菌侵入感染。增施有机肥和钾肥，增强树体抵抗力。

(4)加强检疫。禁止从病树上采穗和出售带病苗木或接穗，严防该病传入新区。

4.3.9　杨梅根结线虫病

又叫杨梅衰退病。主要为害杨梅根部，致使树体衰弱，新梢纤细，落叶严重，出现大量枯梢，以及根群变黑腐烂。该病早期在侧根及细根上形成大小不一的根结，小如米粒，大如核桃。根结呈圆形、椭圆形或串珠形，表面光滑，后期根结粗糙，发黑腐烂，病根部几乎不见根瘤菌根。

防治办法如下。

(1)严把苗木检疫关，防止将病原菌带入新产区。

(2)病树根际土壤撒施石灰，调节 pH 值，增施有机肥，特别是有机钾肥。

(3)挖除病根。1—2 月间挖开病树周围 5～15 cm 的表土层，挖除病根和须根团，对清除的病根和须根团，要集中烧毁。然后每株撒施石灰 3～5 斤，并增施有机肥。

(4)药剂处理。2—3 月树冠外围滴水下开环沟，每株施 1.8%虫螨杀星乳油或 50%辛硫磷乳油或 10%硫线磷等杀线虫药剂 75～100 g，按 1∶15 的比例混合土后施入，再复土。

4.3.10　赤衣病

杨梅赤衣病属担子菌亚门层菌纲，是 20 世纪 90 年代在浙江新蔓延的一种真菌性杨梅严重病害。

多发生在树势衰弱的老龄树和严重失管的大树上，3 月中旬开始发生，4 月下旬在枝干上产生粉红色子实体层，以后密布橘红色粉末，5 月上、中旬产生担孢子，6 月以后形成白色菌丝，11 月后转入休眠期。主要为害枝、干，引起树势衰弱，枝条枯死，直至全树死亡，浙南温州地区和丽水地区约占总面积 1/3 的杨梅树已发此病，浙江其他杨梅产区也开始发生，严重地威胁着当地杨梅生产。

主要为害杨梅的主干、主枝、侧枝及小枝，枝干被感染后，在病部布满橘红色粉末(病菌的菌丝和孢子)，引起树势衰弱，果小味酸，枝条枯死，直至全树枯死。病菌在病组织中越冬，次年温度上升，树液开始流动，下雨增多时病菌开始活动和传播，多雨潮湿容易引起本病盛发。土壤粘重、积水和栽培管理粗放的果园发病较重。

防治措施如下。

(1)加强栽培管理，做好雨季杨梅园的排水工作，多施有机肥和钾肥，增强树体抗病能力。

(2)冬季修剪时剪除病枝集中烧毁,用80%石灰水涂白树干,效果很好。

(3)11月或3月上旬,喷石硫合剂时要喷湿主枝主干,或冬季用高浓度石硫合剂涂刷。

4.3.11 杨梅根腐病

杨梅根腐病是为害杨梅根系的一种真菌性病害,常导致植株生长衰弱和急性青枯死亡。

杨梅根腐病从出现症状到全株枯死一般需要3～4 a,主要发生在盛果期后的衰老树上,盛果期树上也有发生。

病菌从伤口侵入,先在细根发病,逐渐向侧根、根颈及主干上蔓延。病原菌进入木质部维管束,菌丝体增殖使维管束褐变坏死,而导致全树生长衰弱和急性青枯。该病可分为急性青枯型和慢性衰亡型两种类型。急性青枯型:初期症状难以察觉,在植株枯死前2个月左右才表现出明显症状。叶片失去光泽,褪绿,树冠下部的部分叶片变褐脱落。如遇高温天气,树冠顶部枝梢出现萎蔫,但次日清晨仍能恢复。采果前后如遇气温骤升,树体常常急速枯死。叶色淡绿(青枯),逐渐变为红褐色脱落,偶剩少数枝叶,但次年不能萌芽生长。此类型主要发生在10～30 a生的盛果期树上。慢性衰亡型:发病初期,春梢抽生正常,但秋梢很少或不抽发,地下部根系和根瘤较少,根系逐渐变褐腐烂。后期病情加剧,叶片变小,下部叶片大量脱落。次年枝条上形成大量花芽,花量大。结果多,但果小质差。高温干旱天气,顶梢开始枯萎,树体出现半边枯死或全株枯死。

防治措施如下。

(1)加强肥培管理。杨梅园控制化学除草剂使用,减少化学肥料用量,增施有机肥,实施土壤深翻改良,有机肥深施,增强树势,提高抗病能力。

(2)提倡杨梅园间隙生草,套种绿肥。不要与桃、梨、李等中间寄主树混植。

(3)杨梅根腐病是由根部感染发病,再引起地上部症状出现,一旦地上部症状出现(青枯)已属重病树,根据试验,重病树施药无防治效果,病情中等的有较好防治效果,轻病树的防治效果很理想。因此要根据土壤类型和树龄情况,勤检查,发现病株早防治,并以防为主,治早、治好、减少损失。

4.3.12 果实白腐病

又称杨梅白烂病,俗称烂杨梅。

主要为害杨梅果实。大多发生在果实成熟期,高温多雨病菌滋生,发病严重。病菌侵害初,仅少数肉柱萎蔫,局部软化、熟印,以后蔓延至半果、全果,并产生白色霉状物。随着时间的延长,此白点面积逐渐增大,一般不到两天,这种带白点的杨梅果实即落地。

防治措施如下。

(1)果实转色期进行补充修剪,改善通风透光条件,割除园内杂草,降低果园湿度。

(2)及时采收。由于该病的发生和水分关系密切,因此要及时采收成熟果实。

(3)避雨栽培。

(4)果实快速发育期到转色期用翠康钙宝800倍液喷1～2次。

4.3.13 杨梅肉葱病

又叫杨梅花,内柱分离症。杨梅肉葱病多发生在幼果硬核结束期至果实膨大期,是杨梅果实上发生危害率较高的一种生理性病害，株发病率一般在 20%以上，高的年份在 45%以上，最高可达 80%以上。

发病初期，果面肉柱成丝状与种核分离外凸，然后色泽变回焦黄色，形态干缩，轻度发生的凸出肉丝干缩后会自动脱落，对果实品质影响不大。如果肉柱块上突出与种核分离，则严重影响果实商品性，严重的果实还会提早脱落。

防治措施如下。

(1)加强培育管理，维护中庸树势。

(2)控制多效唑施用。

(3)果实硬核期结束至膨大期注意湿度调控，即晴天多，树冠喷叶面肥，雨天多则疏散树冠顶部直立或过强的春梢，促进树冠通风透光。

4.3.14　杨梅枝腐病

杨梅枝腐病是一种真菌性病害，半知菌亚门子中菌纲的一种弱寄生菌。

主要为害杨梅枝干的皮层，一般以老树发病较多。发病后造成枝干腐烂枯死，引起树体早衰。枝干皮层被害初期呈红褐色，略隆起，组织松软，用手指按压病部会下陷。后期病部失水干缩，变黑褐色下凹，其上密生黑色小粒点(即病菌的子座)，在小粒点上部长有很多的刺毛，这一特征可与杨梅干枯病相区别。天气潮湿时分生孢子器吸水后从孔口溢出乳白色卷须状的分生抱子角。以雨水或流动水滴传播。

防治措施如下。

(1)深翻松土，增施有机肥和钾肥，促使树势健壮。

(2)衰老树要及时更新，促使内膛萌发新梢，复壮树势。

(3)保护树体。在农事操作活动时(特别是修剪和采收)避免损伤树皮，露阳的枝干要及时涂白或包扎防日灼损伤树皮。

(4)去除病枝并烧毁，大枝分枝口涂“402”抗菌剂。

(5)枝、干喷波美 0.5～3 度石硫合剂。

第5章 杨梅生产实用技术

5.1 杨梅的苗木培育

(1)种子采集与储藏

杨梅种子可直接从山上的本地水梅或野生杨梅树上采摘成熟的果实，也可从落地杨梅残次梅中收。鲜果采集后堆积2～3 d，但果实堆积高度一般不要超过20 cm，以免堆积过高，发酵时温度高，致使种仁死亡。

待果肉变软开始腐烂，即用清水冲洗，洗净种子表面果肉，清除上浮的瘪子和杂质，阴干贮藏待用。也可用饮品公司加工后留下的种子。但要选择当天加工的种子并及时冲洗阴干。

种子藏到8月进行沙藏，用5份清洁湿沙和1份种子，沙的含水量约5%，即手握拳能成块，手指松开能散开的沙为宜，湿度过大种子易霉烂变质，湿度过低种核不开裂(因杨梅种核坚硬，若将核壳开裂，会影响发芽，沙藏过程就是让种核的胶质渐渐溶解掉，因此沙藏时间要60 d以上)。

(2)苗床的选择与制作

苗床选择：选择土质松软、土层深厚、土壤肥沃、排水良好、光照充足的地方。

苗床制作：翻耕晒白、深耕25 cm左右并晴天翻耕，让泥土晒白，这样既可改善土壤理化性质又能杀死土中病菌、虫害。施足基肥，每亩施入腐熟有机肥1000～2000 kg加过磷酸钙16 kg、草木灰200 kg。

整理畦面：施入基肥后，要反复犁耙，使土壤松散。然后作畦高10～15 cm，畦面宽100 cm，畦沟宽30 cm，畦面要平，土要细。

种子消毒：播种前将种子取出筛过沙后用50%多菌灵600倍液浸泡24 h，或0.1%高锰酸钾浸泡10 min，或70%甲基托布津800倍液浸泡24 h，杀灭种核外附着的病菌。

播种：播种时间以10月中下旬为好。播种方法以散播为主，每亩播种量300～500 kg。种核粒与粒紧靠但不重叠。播种后用木板将种核压入土中与畦面相平，覆一层焦泥灰或过筛的黄泥土，厚约1 cm，覆盖稻草，避免覆土晒干及防止雨水冲刷而使种核外露，播种后最好罩盖塑料薄膜小拱棚保温，要注意排水，严防鼠害鸟害。

(3)小苗移栽

2月上中旬苗木出土，当种子70%发芽后，打开小拱棚两端薄膜，早上开棚避免温度过高，晚上关闭避免温度过低。当苗长到 5～6 cm，有 6～7 片真叶时就可移栽。移栽前几天揭去簿膜进行炼苗。移植地要进行消毒，每亩用 20～25 kg 生石灰撒施土壤或用 70%甲基托布津 800 倍喷洒畦面，选择无风阴天，减少植株蒸腾、水分散失。按株行距 10 cm×20 cm 移栽，亩栽 3 万株左右，移植浇足定根水并在傍晚亩施 1.5～2 kg 地虫克星或喷洒 48%乐斯本 1000 倍液防地老虎等危害。

移栽后不能施肥料，要待苗根恢复生长并已萌发 4～5 片新叶后才能施稀薄人粪尿(60 kg 水加人粪尿 4～5 kg)，以后每隔半月施一次，直到 10 月下旬停止施肥。还要及时清除杂草，适当松土。

(4)嫁接

嫁接时间以开春后，气温升至 10 ℃以上，树液开始流动的 2 月下旬—3 月下旬嫁接成活率高。砧木准备，将育成的一年生实生苗挖起去叶后运回室内，接时剪去离地 5～6 cm 以上部分。

接穗采集：接穗采自 10～15 a 生健壮成年树的树冠顶部粗壮的直径 0.5 cm 以上充实的 1～3 a生枝条，采下的接穗立即剪去叶片，减少水分蒸发。直径 1 cm 左右小砧木，可采用 1 年的春梢或夏梢作接穗，直径 2～3 cm 的大砧木可采用 2～3 a 老枝作接穗。

切接：先剪取长约 6 cm 的接穗，其下端的一侧浅削一刀，略带木质部，削面长约 3 cm，背面也削成 45°的斜面，切面要求平直光滑。砧木约留干高 7～10 cm 剪断，选平滑的一侧在木质部与皮层之间用切接刀垂直切下，深与接穗的长削面相同，然后将已削好的接穗插入砧木切口使两者同一侧的形成层互相对准，接穗的切面上部宜高出砧木横断面约 2 mm，俗称露白，用 2～3 cm 宽的塑料薄膜带自下而上将嫁接口及接穗捆缚扎紧。

(5)嫁接苗的栽植管理

杨梅嫁接苗培育地要选择“生荒地”(即从未开垦过的山坡地，为了作为杨梅嫁接苗培育用而专门开垦出来)，切忌苗地连用和连作。用“生荒地”培育嫁接苗成活率可达 100%，而用“熟地”育苗只有 23%，“生荒地”苗粗壮，长势好。这是杨梅培育嫁接苗特殊的要求。苗地选好后应在冬季开垦，移栽前再进行深翻整地，挖除柴根、草根，整成畦面宽 1.5～2 m，畦高 0.2 m 的苗床，在畦面开沟施入基肥，每亩施入复合肥 100 kg。嫁接苗移栽一般要求株距 8～10 cm，行距 25～30 cm，每亩栽 2～3 万株，栽植时根系不能接触基肥，以免伤根，栽植后必须培土，培土厚度以盖住接穗顶端。5 月上旬接穗发芽后盖上的土一般都能自动下沉塌下，如果有的接穗顶芽仍有土块压住，应及时清除，露出顶端 1～2 个芽即可，切不可除去所有培土，否则容易引起接芽干枯死亡。

(6)嫁接苗的田间管理

除萌蘖：嫁接成活后 1 个月，接口愈合，可以见到接穗顶芽开始萌动，要勤检查，注意接穗芽能否破膜，如不能破膜要人工破膜。同时注意砧木易抽发萌蘖，要及时抹除，以免和接穗争夺养分。

及时抹芽：接穗抽发嫩枝后，选留一直立、生长旺盛枝条，其余及时抹去，苗高 50 cm 时及时摘心，使苗木生长充实。

施肥：接苗新梢老熟木质化后开始施肥，可用腐熟的 10%稀人粪尿或 0.2%复合肥浸出液浇施，每月 2 次，立秋后停止。

除草防旱：在苗木生长期要及时除草，以免杂草与苗木争肥、争水、争光。7—8 月干旱季节，可在傍晚进行灌水。

防病虫：苗期要注意立枯病、褐斑病、卷叶蛾、金龟子等病虫害的防治。

成品嫁接苗标准：浙江省对杨梅苗制定了省级地方标准，该标准以苗木的高度、干粗及规定内的分枝数作依据分为一级和二级苗。低于二级标准的苗木不能出圃。

5.2 杨梅栽植

(1)园地选择和品种配置

发展杨梅生产，园地条件的好坏，品种配置是否合理，将对其产生长远影响。各地应把杨梅品种的生长结果习性与当地的自然条件结合起来实行，扬长避短，综合考虑。

杨梅适应性强，一般山地均可种植。但性喜温暖湿润环境，加上根与好气性的放线菌共生等特点，故在山塘水库边的山坡地和山峦重叠的山岙中的土层深厚、微酸性土壤的环境里生长良好。

海拔高度对杨梅的成熟期有明显的影响，在海拔 700 m 以内，随着海拔高度增加而成熟期推迟，特别是海拔 350～700 m 的中等山地，由于山峦重叠，互相庶荫，散射光多，空气湿度和温度配比合理，更有利于杨梅果实生长发育，果实肉柱柔软多汁，甜酸适口，品质较好，且由于高山气候调控，杨梅成熟期要比低海拔丘陵迟 10～15 d。因此海拔高 350～700 m 的中山区应安排优良的中熟品种和迟熟品种。而 200 m 以下的低山丘陵应以东魁为主适当搭配早熟品种。

山地坡向不同，杨梅品质也有差异：南坡山地阳光强，空气湿度低，可使果实成熟期早，含糖量高，果形小，易使裸露的杨梅肉柱形成尖刺，北坡则相反，由于散光多，夏季湿度大，所以杨梅生长势强，果形大，质地软，汁液多，风味佳，成熟期也略迟。

(2)杨梅栽植

杨梅为常绿果树，宜在开春后 2 月下旬至 3 月上旬栽植。杨梅亩栽 25～30 株，一般株行距为 5 m×5 m。杨梅系雌雄异株，在栽植时，低丘要配栽 1%的雄株，中山、高山配栽 2%雄株。杨梅雄株应分散栽植在中坡、上坡、东坡和园地中间，以利花粉飘散传播授粉；如果产地已有野生雄株杨梅，则保留上述比例作授粉用。

定植前，要挖好定植穴，定植穴深 0.6 m，长、宽各 0.8 m。挖穴时把表土和心上分开放，以便填土时分层利用。挖穴时间最好在秋冬季进行，以便经冰冻可使土壤风化。挖穴时应保留部分松树以减少直射光，增加散射光，以后待杨梅扩穴时再逐渐砍伐。

苗木定植前，先在穴底放入适量经腐熟的基肥，如猪栏肥 20 斤，草木灰 5～10 斤，钙镁磷肥 0.5～1 斤，三者混合拌以泥土后放入，其上盖一层 15～20 cm 表土。

苗木栽植。苗木先解除嫁接部位的塑料薄膜，修剪伤根。然后将苗木放入穴中，理顺根系，分次填入表土，用双脚踏实四周，再覆土，直至将整根接穗全部培入土中，促使嫁接部位放出不定根，提高成活率。

定植后要立即在苗木离接口 25 cm 高处剪去顶梢，并用杂草进行地面覆盖，减少水分蒸发。要勤检查，若发现个别植株叶片萎蔫卷叶，要及时剪除叶片，防止生理失水。夏季高温干旱，用松树枝进行插阴，减少直射光。

生产实践证明，栽植杨梅要做到"大穴、大肥、大苗"栽植技术要做到"苗扶正，根舒展，深栽植，土踏实，盖松土，夏插阴”。

5.3　杨梅梯度栽培

高山杨梅由于高山气候调控成熟期迟，避开了梅雨季，故杨梅品质优，销售市场好，经济效益、社会效益和生态效益都良好。但高山杨梅易遭受冻害，因此高山杨梅的栽培管理技术重点是抗冻栽培和冻后的及时救护。

(1)园地选择

高海拔山区园地应选择山峦叠嶂的山岙中和山塘水库边的山坡地上，不宜选在岗头、岗背和孤独山岗种杨梅。这些地方由于山体相互遮阴少、太阳光的紫外线辐射强、风速大、水分蒸发量大、土壤含水量低及天气变化大等对杨梅生长发育不利。如朱溪镇丰田村(海拔 550～630 m)6000 株 9 年生杨梅(3000 株东魁、3000 株舟山晚稻杨梅)从未施用过杀菌剂农药，也从未发生过杨梅褐斑病，且叶大色浓绿，长势良好。因该杨梅园建在村庄四周的半山腰上，园地上方森林茂盛可以起到防风林的作用。生态良好，春夏季园地上白雾飘飘，良好的环境条件还能自然抑制病菌。而广度上乔村后的杨梅园，由于园地无山体相互荫蔽，风大雾少，杨梅褐斑病严重，且防治效果也较差。因此高海拔杨梅一定要选址合理。

(2)建园定植

高海拔山地建园重点是注意水土保持工作，在规划中，做到“园顶戴帽、园脚穿裙、园中束带”，即园地上方保留或建好防风林，园地下方留 10～20 m 的植皮保护区，在建园时，以水平带挖穴栽植，在今后的管理中也以横向带状扩穴，确保杨梅横行间有 1 m 左右的水土保持带，此带以刈割为主，不开垦。

(3)配足授粉树

高海拔山区春季雾多，湿度大，地形复杂，风向变化大，对杨梅花粉传播不利。因此要提高授粉树配比，要求比低丘缓坡提高 2 个百分点，授粉树要定植在园地上方和迎风口。在开花盛期要进行人工辅助授粉，提高坐果率。方法是在杨梅开花盛期中午(11—14 时)，剪取几枝正在开的雄花枝到杨梅园四周及中间走动。边走边高举花枝，边轻轻地拍打，使雄花粉在杨梅园中飘飞，提高授粉受精能力。

(4)品种选择

据试验研究，高海拔山区的杨梅品种，以东魁品种为最佳，果形大，品质优，又属晚熟品种，到高海拔山区后，受高山气候调控，成熟期更迟，且果实硬度高，适宜山区运输，可以自然延长供应期。而荸荠种是早熟品种，到高海拔山区后，成熟期也相应推迟，其成熟期与相邻低海拔地区东魁成熟期重叠(如海拔 500 m 的荸荠种开采日与 300 m 东魁开采日相近，700 m 荸荠种与 500 m 东魁相近)，由于东魁的大果形具有市场优势，而荸荠种却失去了自身的优势而逊色。舟山晚稻杨梅，在舟山地区属迟熟品种，但引种到仙居后，成熟期提早，界于荸荠种和东魁杨梅之间，其果实硬度低，不耐贮运，市场开发难度较大。因此，只能把荸荠种和晚稻杨梅品种作为花色搭配品种，给予适当安排。

(5)施肥

高海拔山区由于冬季入冬时间较平原早，且极端最低气温也较平原低。杨梅树虽较耐低温，但如果幼树晚秋梢旺发，再遭遇强低温寒潮袭击，也会出现冻害。为防止或减轻杨梅树受冻的危害,须控制晚秋梢和冬梢的抽发。因此幼龄树施肥,从3月底至7月底每月施一次肥料,8—9月停止施肥,到10月下旬再施一次越冬肥。投产树每年施三次肥。第一次施采果肥,采收结束前3 d施,每株施肥量按10 a生树冠直径2.8 m左右,株产25 kg的树体衡量为腐熟栏肥20～25 kg(或饼肥1.5～2 kg)加硫酸钾0.5～1.0 kg。第二次看树施越冬肥,目的是促进花芽发育,让树体健壮地越冬。施肥时期为11月中、下旬,这次施肥要三看:一看树势,树势强的不施;二看花量,花量多的多施,花量少的少施或不施;三看秋梢,秋梢控得好,树上秋梢少的多施,秋梢多的树少施或不施。株施肥量控制在腐熟栏肥(或草木灰)10～20 kg,加硫酸钾复合肥0.5～1.0 kg,看树酌定。第三次在5月上旬,对结果多的树每株施1～1.5 kg硫酸钾,壮果、壮树、促夏梢。

根外追肥:根据不同生长期对各种元素的需要,多次进行根外追肥,开花前树冠喷0.2%硼砂液,幼果期喷500倍翠康生力液3次(间隔7 d 1次),提高单果重。果实转白期(采收前15 d)喷1次500倍翠康钙宝,提高果实硬度。采果后可结合病虫防治,多次喷0.2%磷酸二氢钾。

(6)整形修剪

高海拔山区由于冬长夏短的季节影响,杨梅枝梢生长比较整齐,且中庸梢多,长梢少。因此在树冠培养上,以低于矮冠的要求进行整形,定干高度在15 cm以下,树冠高度控制在2.5 m以下,选留4～5个主枝。主枝斜角呈60°,不培养副主枝,只在主枝侧方培养结果枝组,还同时直接在主枝上培养结果枝群。

修剪方法;重视采后及时修剪,剪除直立枝、病虫枝、短截更新结果母枝,促发夏梢整齐抽发。

杨梅枝叶繁茂,枝条松脆易被大雪积压,而发生主枝、主干劈裂,大枝折断,因此高山杨梅整形,因以低于矮冠园头形为好,主枝基角要小(20°～40°),腰角要大(60°～80°),不培养副主枝,直接在主枝上培养结果枝组。高山地区由于冬长、夏短的季节影响,杨梅枝梢生长比较整齐,且中庸梢为主,因此,修剪时不要搞大枝修剪,以轻剪为主,剪小枝为主,以疏删修剪为主。修剪时期:高山杨梅修剪以3月上中旬至杨梅开花期为主,和杨梅转色期的补充修剪,11月下旬剪除未老熟的晚秋梢(俗称黄梢),不要采后修剪,更不能冬季修剪,否则会加剧冻害发生。

(7)保果与疏果

①提高坐果量

针对高海拔山区雾多、湿度大,杨梅花粉不能远距离传播的特点,在杨梅开花盛期进行人工辅助授粉,提高坐果率。方法是:在杨梅开花盛期的晴天中午,剪取几枝正在开花的雄花枝到杨梅园四周及中间进行轻轻的拍打,促使雄花粉粒在杨梅园中飘飞,提高授粉受精能力。

②控春梢保果

高海拔山地投产期杨梅的春梢(主要是东魁品种)抽发期在4月中旬末期,比100 m处推迟15 d,平均气温17.5 ℃,比100 m处高2.1 ℃。由于气温高、湿度大,春梢旺长,加大了梢果矛盾,形成大量落果。要进行控梢保果。方法是当幼果出现火柴头状时,人工摘断嫩梢,但不要将嫩梢从基部完全攀掉。这样断梢留桩可避免因攀梢不当而出现的“攀1萌2”“攀2萌4”的恶性萌梢现象。摘嫩梢要间隔2～3 d进行一次,连续进行3～4次,当幼果变圆后就可停止控梢。控嫩梢时间约10 d。

③疏果

高海拔杨梅由于采果迟,树体消耗养分大,培养夏梢难度大,易产生大小年结果的现象,为提高品质，克服大小年结果现象，必须进行疏果。疏果时间一般在5月下旬，东魁杨梅要求每结果枝都留单果，决不出现3果。

(8)防治病虫害

高海拔地区由于生态条件好，杨梅的病虫为害较轻。防治方法基本类似于低海拔地区，主要注意果蝇防治。高海拔杨梅果实都在"夏至"后成熟，成熟时果实肉柱间会有小虫出现，影响品质，俗语有"夏至杨梅满山红，小暑杨梅要出虫"。为确保高海拔杨梅品质，加强对果蝇的防治。防治方法：①清洁果园，清除落地果和腐烂果，减少蝇源，果实成熟期间禁止未经腐熟的一切农家肥料进入果园；②在果实转白期树冠喷植物杀虫剂苦心碱800倍液。

(9)防冻保暖

高海拔杨梅冻害现象偶有发生。1999年12月21—25日广度上乔出现−13 ℃低温，当年栽植的杨梅苗有10%植株冻死，9 a生杨梅树有23%植株出现树皮冻裂。因此要注意防冻。其方法是幼龄树要控制晚秋梢的抽发，在冬季进行地面死物覆盖，提高土温，防止冻土发生。投产树冬季对大枝干进行涂白(5 kg石灰、100 g食盐、100 g生物油、0.5 kg硫磺，加适量水，调成糊状)。

9月以后不松土，不除草，不施肥，入冬后，幼令树，强树势的树和秋梢旺发的树要在树冠滴水线下的地面进行柴草覆盖，防止冻土发生，覆盖物厚度要求10 cm以上，如在覆盖物上再复地膜效果更好。冬季主杆涂白。用5 kg石灰＋0.5 kg硫磺粉＋100 g食盐＋100 g食油＋适量水配成石灰浆涂主枝主干。有条件的用稻草包扎主干，防冻效果更佳(据资料报导，杨梅树干涂白的冻害指数13.47，而没有涂白的，冻害指数68.71，用稻草包扎的没有一株树皮开裂)。对近地面的基角大的主枝用木头支柱支撑加固。

下雪时要及时摇掉树冠上积雪，减轻树冠积雪压力，避免枝干断裂；雪止后立即清理掉树冠及树体上的积雪，预防雪在树体上结冰，造成树皮开裂。对完全折断的枝干，应及早锯掉，并用刀削平伤口，涂上石蜡等保护剂，以防腐烂。对已撕裂未断的枝干，不要轻易锯掉，先用绳吊起，或支柱撑起，尽量恢复原状，受伤处涂接蜡，并用绳绑牢，促其愈合，恢复生长，对倒伏的树，不要直接扶起，应回缩部分大枝，剪平断根，并将断根处的土壤挖松，再慢慢把树体扶起，用木头支柱支撑，把露在外面的根重新埋入土中，填上新土，但不要把树体扶正，防止另一边的根系又遭严重拉伤，如发现树皮受冻开裂，要及早用薄膜带或稻草绳包扎捆绑。

(10)杨梅采收

杨梅果实，徒手采摘，虽然简单，但要做好，必须认真细致，讲究方法。

①适期采摘

适期采摘就是要正确地确定成熟度，进行采摘。具体要求：采熟留青，分批采摘。前期采摘：果实全面着色良好，呈紫黑色时采摘，确保果实达9成以上成熟；中期采摘：果实呈深红色时即可采摘；后期采摘：当果实呈红色转深红色时即可采摘。因为采摘前期果实含酸量还比较高，果实着色达不到紫黑色，则酸度高，风味不佳，影响品质。中期如果果实全面呈紫黑色，则果实硬度下降，影响运输。后期如果果实呈紫色，则会出现异味。

②分档采摘

采果时，身边要带三只篮子，将树上采下的果实马上按档次分篮，即一级果装一篮、二级果放另一篮、三级果(残次果)又放另一篮。这样就可按档次进入市场销售。

③降湿分装

杨梅果实进库后，及时将同档次果实摊放在竹匾上，打开所有通风口，并在果实上方用电风扇进行扇风，把杨梅果实表面的水分蒸发掉。再用大孔眼的小篾箩进行分装(不要用塑料篮直接装果，因塑料篮底平板不漏水，易使底部果实发软、变色，且部分塑料篮是再生品，不符合绿色食品要求)。每小篾箩装 0.5～1 kg，然后将装果的小篾箩排放进塑料箱进入冷库预冷。预冷 6～10 h 后进行包装、贮运、销售。

5.4　克服杨梅大小年结果

杨梅进入盛产期后，都会出现大小年结果现象，如不采取措施克服大小年结果，则会出现大年挂果累累，质差效益低，而小年价格高时又无果实，为此进入商品基地生产的杨梅必须克服大小年结果。具体措施如下。

(1)大年树管理。大年树，树势强健，花芽分化良好，花多，花质好，坐果率也高。据此，该年的管理要点如下。

①修剪

2 月下旬，对树冠高大的树，锯掉一根中心直立大枝，改善内膛光照条件；另短截部分 15 cm以上长度的徒长结果母枝，促使抽发春梢；疏除部分 3 cm 以下长度的短结果母枝，减少花量；同时剪除病虫为害枝和枯死枝。

②疏花、疏果

在杨梅雌株盛花后期，用 15％多效唑 500 倍液喷树冠。多效唑药液可杀死杨梅雄花花粉，致使正在开放和尚未开放的雌花不育而脱落，起到疏花作用。用药时，一要看天气、看花施药，天气适宜、花量特别多的树，可在盛花后 1～2 d 喷，一般多花树则在能看到少量幼果如火柴头状时喷药。喷药时应喷树冠上部和外部，以喷湿不滴水为度。杨梅坐果后，当杨梅果实如豌豆大时(一般在 5 月上中旬)开始疏果，做到按树定产，按产留果，疏去畸形果、病虫果、小果。

③施肥措施

大年树一般年施 1～2 次肥，第 1 次看树施壮果肥，挂果多的树在果实硬核期施三元复合肥 0.5～1 kg，挂果少的不施。第 2 次及时施采果肥。杨梅采摘后立即株施腐熟饼肥 3 kg 或腐熟栏肥 20 kg，或株施 0.5 kg 尿素加 1 kg 硫酸钾，促使夏梢整齐抽发。并在果实膨大期和夏梢转绿期多次进行根外追肥。

④控秋梢、促花芽分化

当大量夏梢抽发，新梢长达 10 cm 左右时，喷 15％多效唑 300 倍(时间一般在 8 月 15 日—9 月 15 日)，加快夏梢老熟，控制秋梢生长，促进花芽分化。

(2)小年树管理

①修剪

2 月下旬，疏除树冠顶部和外部的部分没有花芽的长枝(或长枝组)和部分营养枝，使内膛和郁闭的花枝显露出来，增强光照透气条件，提高授粉机会，减少梢果矛盾。

②保果

小年树由于树势弱，花芽分化迟，时间短，导致花量少，花质量差，因此要重视保果。其方法是：a. 开花期喷 0.2％硼砂液，提高花粉活力，并能防治杨梅枯梢病。b. 人工辅助授粉，在杨梅雌花开花盛期的晴天中午采几枝雄杨梅花枝到杨梅园中间及四周中均匀散布，增加授粉机会。c. 小年树往往出现春梢旺发而引起树梢果矛盾，因此要控春梢保果。

③施肥

小年树，年施肥 1 次，施采果肥。方法同大年树。

经此两个周期的管理后，就能基本克服大小年结果现象，同时还要注意病虫害防治和土壤管理等管理措施。

5.5　杨梅低产园改造

仙居县城处浙东南山区，是浙江乃至全国杨梅主产区和老产区。由于杨梅多栽植在荒山和疏林山上，土层浅薄、立地条件较差，管理粗放，致使成为低产园。为探索杨梅低产园改造技术，我们于 1998 年在城关镇进行了本试验，取得了预期效果。

(1)试验园基本情况

园地处海拔 110 m 的小山丘上，年平均气温 17.2 ℃，年降雨量 1376.8 mm，红壤，pH 值 6.3，面积 15 hm^2，主栽品种为东魁杨梅，1986 年春定植，株行距 5 m×5 m，每公顷栽 400 株，共 6000 株。改造前该园多年失管，灌木杂草丛生，杨梅平均树高 4 m，冠幅 3.5 m×3.5 m，内膛枯枝多，主枝多，侧枝少，树势上强下弱，叶斑病严重，叶幕层薄，产量低，每公顷产量 5000～6000 kg，大小年明显，果实品质差，商品率低。

(2)改造结果

1998 年 7 月中旬杨梅采收后开始改造，1999—2002 年 4 a 年平均每公顷产杨梅 10300 kg，增幅达 107.1%。2001—2002 年两年测定平均单果重 23.7 g，比 1998 年的 18.5 g 增加 28.1%；1999—2002 年连续 4 年测定，果实可溶性固形物含量平均值比 1998 年提高 1 个百分点；果实商品率达 74%，比 1998 年提高 18 个百分点。基本克服了大小年现象。

(3)主要技术措施

①大枝修剪

调整树体结构，改善群体生态气象环境。针对该园杨梅树冠高大、上强下弱特点，对树冠内膛的直立大枝，离地 1～1.5m 高分杈处用手锯锯掉 2～3 枝，对周边大枝进行拿枝、拉枝，使分枝角度加大到 60°；对远离骨干枝的侧枝进行回缩修剪，衰老侧枝从基部剪除，同时剪除树冠内的交叉枝、过密枝、病虫枝和枯死枝。在实施大枝修剪时，应保护好伤口，防止树桩霉烂，促进伤口愈合。对经拉枝后骨干枝上抽发的新梢和锯口外及锯口下各大枝上抽发的新梢要尽量保留，新梢长至 15～20 cm 时及时摘心，疏除密生枝、徒长枝。树冠改造采取控上促下，连续进行 2～3 a，使其高度降至 3 m 以下，骨干枝保留 3～5 个，形成结果枝组多、树冠错落有致的立体结果树形。

②加强土肥管理

及时砍净地面柴草，将其燃烧作灰肥，待地面重新长出幼嫩杂草时，开始挖除恶根性草和多年生灌木，保留浅根性草，进行间隙生产，杨梅采收前一周割刈杂草覆盖在树盘上。当杂草腐烂后(约 10—11 月)，在树冠滴水线下进行深翻压埋并施有机肥，株施草木灰 50 kg 加尿素 0.5 kg，或腐烂肥 25 kg 加尿素 0.5 kg。杨梅果实采收后及时株施硫酸钾复合肥 1 kg 或腐熟菜饼肥 3 kg。果实发育期结合病虫防治进行根外追肥 3～4 次。

③防治病虫害

秋冬季及时清扫落叶，剪除病虫枝和枯枝，集中烧毁；11 月下旬和次年 3 月上旬用波美 2～3度石硫合剂清园。同时注意防治杨梅叶斑病和杨梅卷叶蛾，保护树体健康生长。

④控秋梢促花

据调查，东魁杨梅的夏梢有 71.3%能成为结果枝，而秋梢只有 8.7%能成为结果枝，因此控制秋梢生长、促进夏梢抽发是杨梅低产园改造的关键措施之一。方法：采后 7 月下旬至 8 月上旬是夏梢的生理抽发期，当大量夏梢抽发长达 10 cm 左右时，新梢叶片喷布 15%多效唑 300 倍液，抑制夏梢生长，加速新梢老熟，促进花芽分化，杨梅缺硼缺锌会出现小叶、枯梢和簇状叶等缺素症状，应结合 6 月施采果肥，株施硼砂 50 g、硫酸锌 50 g，3 月开花期喷 0.2%硼砂＋0.3%尿素＋0.2%磷酸二氢混合液。

⑤保果

初花期，采集雄花枝条插在盛水的玻璃瓶里，将瓶挂在雌株树冠顶部；或在雄花盛开时的中午，剪几枝雄花放置杨梅园迎风口、园中及四周，轻轻拍打，使花粉在杨梅园中飘散，确保授粉质量。杨梅结果枝的顶芽都是叶芽，而生长势强的东魁杨梅的结果枝，在开花结果的同时抽发春梢，消耗大量营养，导致大量落果。因此对结果枝数量偏少的壮年树和树势良好的东魁杨梅，要采取控春梢保果，方法是根据树势摘除部分春梢。

⑥疏果

5 月上中旬，当杨梅幼果长至豌豆大，生理落果期结束后，开始疏果，疏去畸形果、病虫果、小果和密生果，要求疏果后每个结果枝都留单果，最多不超过两个，以提高单果重和果实品质，确保较高的果实商品率。

5.6 杨梅的高接换种

仙居县还有约 5000 亩本地水梅和 20 世纪 80 年代从外地调入的劣种杨梅，由于采前落果严重，品质差，导致经济效益低，急需高接换种，现将杨梅高接换种方法做以下介绍。

(1)高接时期

因大树嫁接部位较高，树液流动时间延迟，只有当树液开始流动以后嫁接，成活率才高，在仙居县一般以春分到清明为最适高接时期。

(2)接穗剪取

选取 7～15 a 生良种杨梅作母本树，这种树接穗数量多，生长旺盛，嫁接容易成活，发芽快，剪接穗时，要用母树向阳面和顶部粗壮枝条，粗度 0.8～1.2 cm 的 2～3 a 生枝条，采下的接穗应立即剪去叶片，用湿毛巾包起来，有条件的要当天采下的接穗当天接完，如条件不允许，可将接穗放在 5 ℃贮藏库中贮藏保鲜。有蚧壳虫为害的枝条不能当接穗，喷过波尔多液时间没有超过 7 d 的树不能采接穗。

(3)杨梅高接方法

①切接

削接穗：接穗切成 8～9 cm 长，在接穗和砧木接合的一面平削长 3～4 cm 长削面，再在背面削 1～2 cm 短削面。

切砧木：把要高接大树上的大枝离地 1～1.5 m 处锯断，用刀将锯口修平，选平直一面，从上向下平切一刀，长度与接穗长削面相等。

插接穗：将接穗插入砧木切口，并使接穗露一白线，接穗一边与砧木一边对齐也露出一条白线。使两者形成层密接在一起。

包薄膜：用麻皮或尼龙绳捆紧，再在接口处包薄膜，把接合处的伤口全部包扎起来。

②劈接

砧木锯断后，断面削平，然后用劈接刀从砧木断面中间劈开深达 8～9 cm，将一根楔形竹扦插入切口中间，再将接穗剪成 8～9 cm 长一段，在其下端两面各斜削一刀，长 5～6 cm，成为尖楔形，将削好的接穗插入砧木切口一边(也可一边一根，插二根接穗)，使之皮层对紧，接穗露白 0.3～0.5 cm，把竹扦拔出，使裂口回缩夹紧接穗，用薄膜包扎接口，把整个接口密封，防止雨水渗入接口。再用竹箬壳或稻草包罩切口和接穗，减少阳光直射。

(4)老树更新高接

杨梅高接要根据不同情况，分别处理，如青壮年树(3～10 a)，树势良好的，则可直接进行高接；衰弱树，则要加强管理，增强树势后(特别是有蚧壳虫危害的树，要消灭蚧壳虫)再高接；弱树或老树，由于愈合能力差，嫁接不易成活，要先更新后高接。其办法是，先在离地 50～100 cm 处锯去大枝，让其抽生不定芽，疏去过多不定芽，留 2～3 个位置适当强壮芽，培养基枝，并对其进行多次摘心，促使增粗，转年在这些抽发的新枝上进行高接。

一株大树要分 2 a 完成高接，第一年嫁接树冠中心较直立的大枝 5～10 个，约占整个树冠 1/2～2/3 留一部分枝角度大的大枝作吊水枝，留作下年再嫁接。

(5)高接后的管理

接后待接穗抽出新芽时，要及时剪破竹箬壳或薄膜袋上部，但不能取下，以免影响成活，当接穗伸长到 20 cm 时及时进行摘心，促其老熟，砧木上抽的新芽要及时抹除，对长桩砧木，可在砧木中段适当留几个芽，留 3 叶强摘心。保护砧桩，防止树皮晒裂。接穗上所长枝条，由于生长旺，7—8 月易被风吹折，应支柱保护，9 月后(台风季节过后)解除捆扎物。

对没有成活的砧木上所发新芽，选留 1～2 个粗壮枝，留作翌年补接，其余全部抹除。

5.7　衰老杨梅树的改造

20 世纪 80 年代杨梅产业迅速发展后，许多杨梅树龄已超过 30 a，已从盛产期进入老龄期，加上部分果农管理不到位，出现“溺爱”管理，导致杨梅树未老先衰。据调查杨梅主产区部分杨梅基地死亡率达 6.8%(28 a 树龄)到 23%(树龄 35 a)。朱寿燕等(2022)2019 年对杨梅衰老树更新复壮技术开展试验研究。本项技术根据根梢生长与气象条件的关系，利用根、梢生长活跃期的生理特点，采用断截刺激的办法，迅速焕发树体本能生命力，同时补充速效有机肥，持续全面供应养分，达到迅速激发新根、新枝，焕发活力，更新复壮的目的。

杨梅衰老树大多伴随土壤土质问题、土壤肥力问题、管理措施问题、病虫害为害问题等，复壮难度大，死亡后重栽易遭重茬病，成活率低。

(1)技术原理

根据根、梢生长与气象条件的关系，利用根、梢生长生理活跃期，采用断截刺激法，能迅速焕发树体本能生命力，同时补充速效有机肥，持续全面供应养分，达到迅速激发新根、新枝，焕发活力，更新复壮的目的。

(2)技术方法

①根系更新

2018 年 3 月 3 日,处理树距树干 1.5 m 处开挖长 1.5 m、深 0.6 m、宽 0.2 m 的沟,挖沟时,保留直径 2 cm 以上的粗根,其余全都剪断,然后施入 10 kg 腐熟羊粪,与土拌匀回填。2019 年换一方位,2020 年挖完一环形,完成全树根系更新。

②树冠更新

更新时间在杨梅采摘结束后进行,7 月 15 日前完成。树冠更新也分三年完成,第一年对三分之一的骨干枝进行重截(保留原骨干枝长度的一半),更新枝的锯口边必须保留一个小枝组,对重截的锯口用快刀进行修整并用“愈伤保护膜”保护伤口,对裸露的大枝用布片或稻草进行包扎(萌芽后及时解除),促进伤口愈合。使更新枝的锯口(或剪口)及锯口以下均萌发新梢。新梢抽发后,在锯口处选 1~2 个枝条方向,角度、生长势都较好的作主枝延长枝,进行短截或摘心,加速老熟,促进秋梢萌发。其余新萌发的新梢培养成新的结果枝组,促使在次年开花结果。第二年夏再更新三分之一,2020 年完成全树更新。因骨干枝是逐年更新,发枝有先后,枝梢有长短,造成更新后的新树冠形成波浪形,增加了结果容积,内膛通风透光良好,骨干枝层次更分明。

(3)试验方法

更新前,在试验园中选择生长势相近的 5 株处理树为观测树,在观测树冠中上部的东南西北中 5 个方位分别固定 1 个结果枝组进行编号挂牌,将其中 3 株施有机肥做根系和树冠更新处理,1 株土施 47%硫酸钾复合肥和树冠更新处理,1 株挖沟后不施肥马上复土,树冠也不修剪作对照。

2020 年 5 月 8 日对观测树在施肥沟处挖开土壤,清点新根(白色根)的数量;5 月 25 日对观测的新梢数量、长度、结果数进行测定,并连续摘取 100 片老熟春梢进行叶面积、鲜叶重、干叶重测定;6 月 25 日对 5 株观测树单独进行统计产量。

(4)试验结果分析

新根发生量对比。新根和新梢观测结果如表 5.1,有机肥施肥点的新根数量是复合肥点的约 2.55 倍,是对照的约 12 倍。

表 5.1　5 株观测株的新根数量和新梢生长量、产量情况(2020 年)

处理	施肥量/kg	新根数/条	春梢数/条	春梢总长/cm	平均长度/cm	新梢结果量/个	单株实际产量/kg
有机肥(三株平均)	5.0	135	59	536	11.2	2.0	48
复合肥(三株平均)	1.0	53	45	432	9.6	1.8	35
对照		11	15	282	4.9	1.2	25
平均		66	40	417	8.6	1.7	36

更新前后新梢生长量对比:有机肥施肥点的春梢最多和最长,枝条数比复合肥点多 14 条,增加 31%,比对照点多 44 条,增加 293%;平均长度比复合肥点多 1.6 cm,增加约 17%,比对照点多 6.3 cm,增加约 129%。对照组平均挂果数量明显偏少,且直径小,商品率差。

从表 5.2 可看出,更新后,百叶鲜重增了 28%,干物质重增加了 25%,单叶面积增了 8%,更新后,不仅单叶大了,厚了,光合作用更强了。

表 5.2　更新前后叶片面积及含水率对比

品种	处理	百叶鲜重/g	百叶干重/g	含水量/%	单叶面积/cm^2	鲜重/(mg/cm^2)	干重/(mg/cm^2)
东魁种	更新后	34.5	14.6	57.7	12.8	26.9	11.4
	未更新	27.0	11.7	56.7	11.8	22.8	9.9
	更新后增比率/%	28	25	2	8	18	15

产量变化对比。据实测，杨梅园更新前，平均株产 24 kg，2019 年更新第一年平均株产 19 kg，2020 年为31 kg，2021 年更新完成，平均株产 40 kg。待更新树冠的完整形成，产量可望进一步提升。从 5 株挂牌观测树看，有机肥点比复合肥点的树体更新更强劲、更有活力。

5.8　杨梅设施栽培与气象

2020 年开始，仙居大力发展数字化农业，当年推广 200 多亩设施大棚杨梅建设，进行智慧化管理对杨梅生长环境的半人工控制。

杨梅在长期的生长环境中生存、适应、演化，其生长发育对环境条件的要求，既有一般植物的共性，还具有自身对环境生态因素的特殊要求。人工进行智能调节管理，必须符合杨梅自身的生理需求。人工调节环境因素时，尽可能地往适宜环境方向靠拢，使杨梅能健康快速地生长。在本书 4.1 节中，列举了杨梅在周年生长发育中对光、温、水、风的要求和指标。

(1)植物生长对光、温、水条件的一般要求

①植物对温度条件的一般要求

温度直接影响酶的活性，从而影响其他相关代谢而影响光合作用。温度在 30～35 ℃光合作用最强，然后迅速下降，在 40 ℃左右随着呼吸的增强，净积累为零。

一般来说，25 ℃以下温度与生长率是线性的，用积温比较准确，30 ℃后，生长率反而下降，提高温度不能加快植物生长，在 40 ℃后甚至停止生长，并产生危害(图 5.1—图 5.3)。

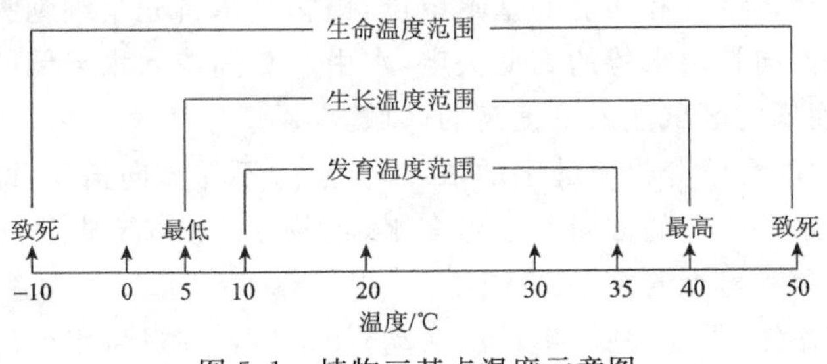

图 5.1　植物三基点温度示意图

②植物对水分条件的一般要求

植物本身组织中含水量占鲜重的 60%～90%，是植物的主要组成部分。水分是生命活动的介质和参与者。水分是物质吸收和运输物质的工具。水分能使植物保持固有的姿态。

植物需水包括生理需水(满足植物生理活动所需要的水分)和生态需水(利用水的理化特性，调节植物周围的环境所需要的水分)。

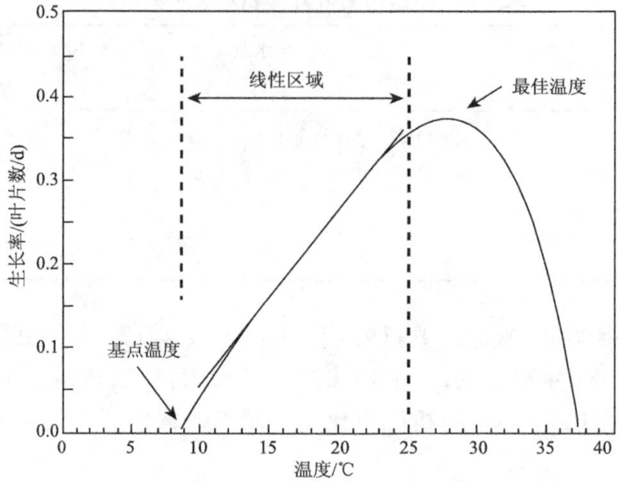

图 5.2 典型植物对温度反应曲线图

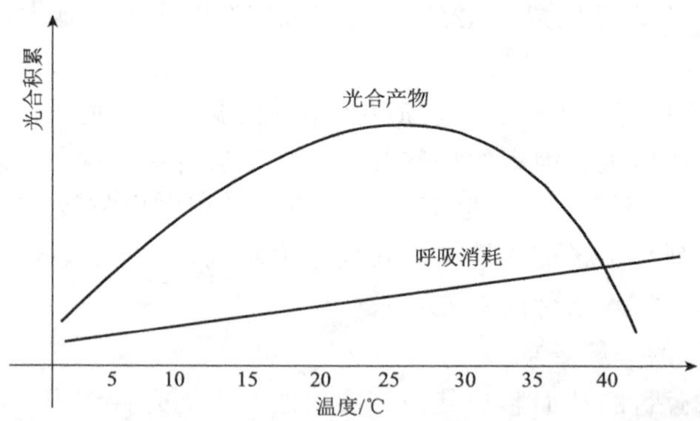

图 5.3 典型植物对光合产物和呼吸消耗对温度反应曲线图

满足植物生长发育所需要的水分，主要是从土壤中吸取。植物吸水的器官是根，吸水部位是根毛区。细胞是植物体结构和功能的基本单位，植物吸水首先是细胞吸水。

植物体水流动的方向是由水势的高低决定，水由水势高渗入水势低的区域。一般来说，浓度高水势低，水从浓度低的区域注入浓度高的区域。

土壤缺水时，其中的含营养物质的水的浓度高，水分不易流向植物，即植物吸不到水。

这是细胞与外界水分流动的方向。外界多水，植物吸水，外界缺水，植物失水。所以土壤水分含量是植物吸水顺利与否的关键。

植物根系作为生命体，需要呼吸、生长和活动，如果生长在过量水分的土壤中，也会由于缺氧而死亡。所以适宜的土壤相对湿度是植物生存的必要条件(图 5.4)。

③植物对光照条件的一般要求

在一定范围内光合作用的速率随光照强度的提高而加快，在达到一定光照强度后不再增加(图 5.5)。

图 5.6 是晴天情况下光合作用与呼吸作用随时间的变化曲线。白天有光合作用，在07—17时有净产出，晚上只有呼吸消耗。晚上呼吸消耗少，是由于温度低。现在大棚管理中，

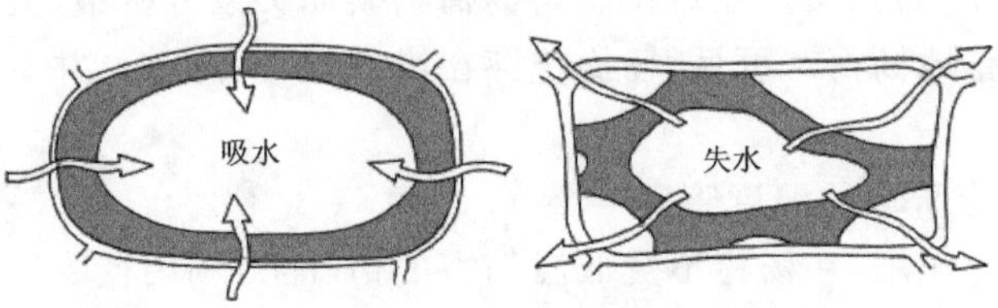

图 5.4　典型植物对土壤水浓度反应(吸水、失水)图

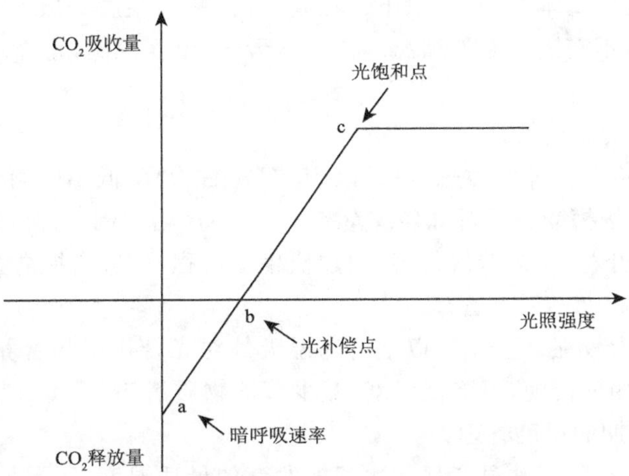

图 5.5　植物光合作用与光合速率关系曲线图

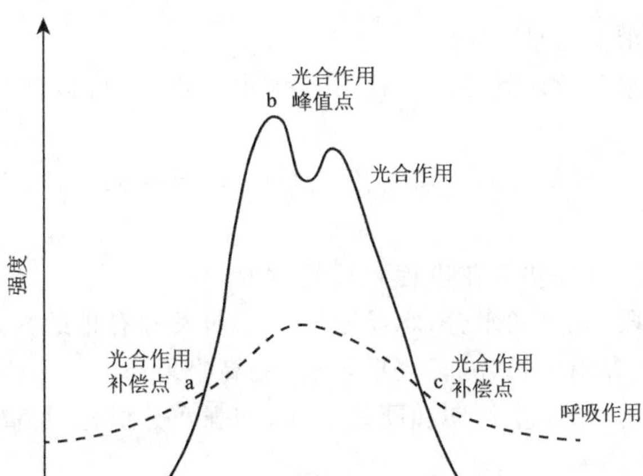

图 5.6　晴天条件下光合作用与呼吸作用日变化

一味保温,将晚上的温度也提高,结果,只是增加了消耗。

(2)杨梅生长对光、温、水条件的要求及管理

①对温度条件的要求及管理

杨梅作为亚热带植物,虽然没有温带植物对冬季低温休眠的严格要求,但杨梅花芽的分

化、发育也需要一定时间的积累。在对积温与杨梅物候期关系分析中，大棚杨梅物候期经历所需要的积温明显多于露地杨梅。可见，杨梅花芽在没有发育完全时，并不完全随着温度的升高而同步加快。

a. 在杨梅花芽发育阶段的温度管理

夜晚植株没有光合作用，在杨梅不受低温伤害的情况下，利用夜晚适当降低杨梅呼吸的同时，满足杨梅对低温的要求；白天，则升高温度，加快植物的光合作用和生理分化，从而加快花芽发育，提早开花结果。

在此阶段，最高温度基本在 30 ℃以下。在晴天时，棚内温度一般能达到 20 ℃或以上，光合作用能达较高强度，不需进行额外加温。在阴雨天气，温度较低，光合作用水平较低，可以进行适当加温和补光。

b. 开花坐果阶段的温度管理

此阶段杨梅对温度条件非常敏感，白天以 25 ℃左右为宜，低温阴雨天气时，可适当加温；33 ℃以上温度易造成杨梅受精异常和生理落果加剧，应严格控制。此阶段棚内夜晚温度一般在 10 ℃以上，不会对开花、坐果造成伤害；为加快生理进程，可适当提高温度，但作用不大。

c. 果实生长和硬核期的温度管理

此期杨梅抗逆能力较强，但 35 ℃以上的高温天气对光合作用和营养积累不利，应加以调控。而不进行光合作用的夜晚，可降低温度，减少营养物质消耗。

d. 果实着色成熟期的温度管理

此期外界温度已较高，正常温度都已达杨梅发育的最适温度，不需加温催熟。而 35 ℃以上的高温，易导致果实高温逼熟和软化。所以此期应设法调低温度而不是加温，延缓成熟，延长采摘供应期。

②对水分条件的要求及管理

杨梅各生长阶段对水分要求均较多。通过控制水分供应，可以调节杨梅的生长节奏和生长旺盛程度。

在花芽发育阶段，将空气湿度和土壤湿度控制在 60%～80%，可促进根系和花芽的发育进程。

开花阶段适宜的湿度可加快开花进程和授粉效果。

坐果和春梢抽发阶段，充足的水分，容易激发叶芽萌发和春梢的快速生长。此期应适当降低湿度，稍为抑制和减缓春稍生长，减轻梢果矛盾，提高坐果率。

在生理落果结束，进入果实生长期和硬核期间，加强水分供应，提高空气和土壤湿度，促进春梢生长、老熟和果实的增大。

果实膨大期是杨梅需水量最大的阶段，充足的水分供应是果实膨大的基础。

成熟采摘期的水分供应宜稍加控制，避免果实含水量过高，降低果实的可溶性固形物浓度。

③对光照条件的要求及管理

据调查，设施大棚盖膜后，对光照条件有一定程度的减弱。根据光辐射强度对光合产出物的影响，两者基本成正比例关系。如图 5.6 所示。在晴天情况下，薄膜对光合作用的影响不明显。但在阴雨天等弱辐射条件下，通过适当补光等措施，光合作用会随着光辐射强度的增强而增加。另外，据图 5.3 所示，光合作用除受光强度影响外，还受温度的影响。所以在夜晚温度较低时，不需要太强的辐射条件。

但应注意辐射对湿度的影响。不仅在晴天时辐射强，温度会升高，补光时温度也会提高。而温度升高后相对湿度会降低。而辐射会增强水分的蒸发和植物的蒸腾，从而降低土壤湿度和提高空气相对湿度。

④对风条件的要求及管理

通过大棚覆盖后，会阻断大棚内所有的空气流通，会导致棚内温度和湿度分布的不均匀，不利于杨梅的不均衡生长。所以即使在冬季连续的保温和加温条件下，也应采取不定时的空气流动。

在开花期，需要有微风传播花粉，增强授粉效果。

在成熟采摘期，要加强通风透光条件，降低群体内部湿度，减轻病虫滋生。

除了在棚内监测温度、湿度，设置阈值，实现自动调控外，还可在棚外监测风速，设置阈值，自动启闭棚膜。防止大风损坏。

连续监测棚内温度，统计积温，可以预测杨梅物候进程，并在自动控制中设置不同物候期的阈值，建立全生育期的智慧管理系统。

5.9　杨梅实景观测与自动观测技术

(1)实景观测点的选择

根据杨梅农业气象观测规范要求，选择有代表性的地块。在相对开阔处设置观测球机，观测点要求四周 2～15 m 范围内有 4 株以上健康杨梅植株，以便拍摄观测。

(2)实景观测照片存储时间设置

每年春天杨梅开始生长前，对每个近景预置点进行设置和标定。一般摄像头高度在 3～6 m 高度，在杨梅园中合适位置，四周均有生长健康的植株。对摄像头四周的 2～15 m 范围4～8 株杨梅植株，朝摄像头方向一面的上中部树冠进行预置点拍摄设置。由于四周方向都有预置点，所以不管一天的任何时间，拍摄的照片都有向光、逆光、斜光的照片；参照地面观测时间，在北京时 08 时、11 时、14 时、17 时、20 时的前 15 min 内，拍摄照片。预置点一般控制在 15 个(超过 15 个，拍摄时间延后)，每个预置点设置停留 1 min(包括镜头转动时间)，每 30 s 拍摄 1 张照片，每个预置点拍摄 2 张，提高拍摄有效照片的可能性。

(3)实景照片拍摄范围的设置

在设置预置点时，需要设置摄像头的放大倍率，需对不同远近的预置点放大倍率进行设置和标定。一般监控为了获取更多信息、拍摄更大的范围，一张照片可以拍摄几十、几百平方米甚至更大的范围，这样得到的目标物在照片中所占的比例非常小，无法清晰观测细节。根据人工观测的规定要求，一般在观测田中预先设置观测点，在发育期观测点内对进入发育期的植株进行统计，人眼一般仅观测 1 m^2 范围内的植株或目标物。所以我们对获取的照片也要求在 1 m^2 范围内，既含有一定数量的植株目标，又具有比较突出的目标物清晰度。

(4)预制点的标定

为此我们制作一个 50 cm×50 cm 内含 10 cm×10 cm 黑白方格的标定板，放在预置点位置进行拍摄、标定，如图 5.7。

对于一张 400 万像素的监控照片，在电脑中显示为 2 个屏幕大小(一般电脑宽屏设置为

200 万像素)，可以清晰地保存目标物有效信息。电脑也可以方便地读取黑白方格的像素值范围(如图 5.7 为 366×372)，得到每厘米的像素值比例(36.6×37.2)。这样，在得到识别果实的纵横径像素后(例如 62×68 像素)，则利用这个比例直接可以计算出果实的真实大小((62/36.6)×(68/37.2)=16.9×18.3 mm)。

图 5.7 标定图片的实例(西炉球机第 3 预置点)

(5)实景照片中实物距离与放大倍率的关系

在预置点设置时，需设置拍摄机镜头的 PTZ 值，即镜头的水平旋转角度、垂直旋转角度和放大倍率的焦距值。在标定过程中发现，调节到最佳镜头清晰度时，实景实物与镜头的距离、镜头的放大倍率具有一定的关系。通过对不同拍摄距离与放大倍率的关系试验，测定了在不同距离的情况下，距离与放大倍率数据对应值。如图 5.8 为 4 个宽屏电脑屏幕大小。能够清晰拍摄 5.1(即 1.2)视力值和清晰的文字笔画。

图 5.8 下叶实景观测点的清晰度拍摄试验

将拍摄距离与放大倍率，拟合出回归方程：

$$Z=3.05S-4.5 \tag{5.1}$$

式中：Z 为摄像机镜头的 Z 设置值，取值范围由摄像机型号定，一般为 0～25；S 为所拍摄实物与摄像机镜头的距离，S 一般取 2～10 m，10 m 以上设最大倍率，清晰度会有所下降。

(6)杨梅果实生长阶段的划分

在杨梅农业气象观测规范中，杨梅果实的发育期分为 2 个：转色期和成熟期。在机器学习和智能识别中，将杨梅果实的颜色细分成为 8 类更合适，即幼果 3 类、转色 3 类、成熟 2 类，如图 5.9 所示，极大地提高了训练的速度和准确度。

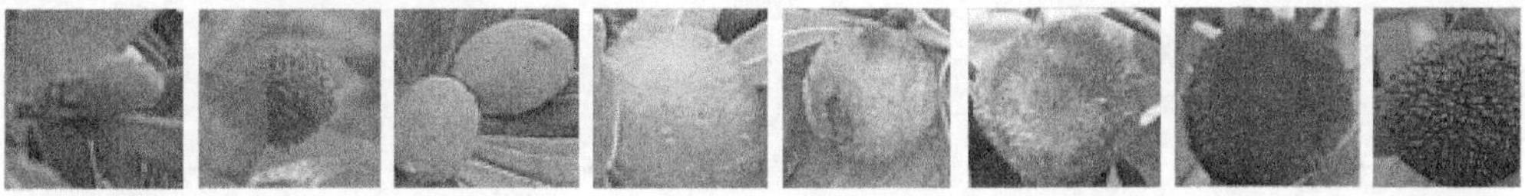

幼果初期　幼果中期　幼果后期　转色初期　转色中期　转色后期　浅色成熟　深色成熟

图 5.9　杨梅果实生长阶段的分类及图样

(7)杨梅果实遮蔽度的确定

在实际的拍摄照片中，杨梅果实有各种程度的被叶片遮蔽，遮蔽到什么程度，不易被识别，可以不标出。所以什么程度需要标出，是一个技术问题。叶片过多遮蔽，杨梅果实上会出现绿色部分，不利于机器学习、训练和归纳总结，从而出现识别时的误判和漏判等，降低识别准确率。如图 5.10，杨梅果实有一半以上露出时，应统计为有效果实。

图 5.10　杨梅果实遮蔽程度

(8)生长阶段分布分析

对 2023 年西炉大棚、仙居县气象局杨梅观测田、高山路口实景观测点、中山下叶实景观测点拍摄的图片进行识别验证，包括远景和近景图片每天统计，如图 5.11 至图 5.14。

西炉大棚和仙居县气象局杨梅观测田为荸荠种杨梅，成熟颜色比较深，需要达到第 8 类才算成熟。从图 5.11、图 5.12 可以看出，从幼果到转色分辨比较明确。

从 5 月 12 日开始进入转色期，5 月 18 日进入成熟采摘期后，由于成熟杨梅被采摘，成熟杨梅果实的比例会有波动。再加上总数的下降，在后期转色的杨梅比例反而有些提高。到最后，果实不多时，二类果实都占了相当的比例，实际是没剩下几个了。另两个中、高山实景观测点为东魁品种，果实颜色至大红或深红就算成熟，到最后成熟果实的比例比较高。如图 5.13、图 5.14。

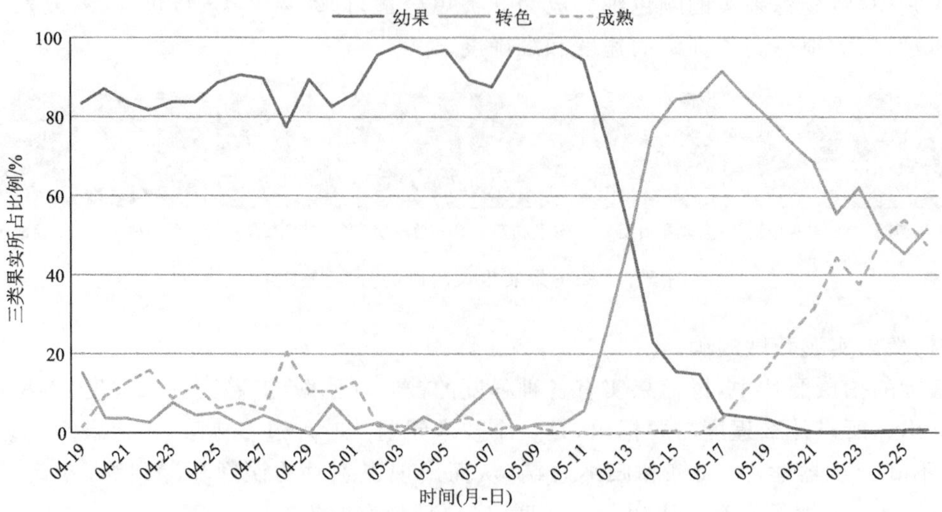

图 5.11　西炉大棚基地荸荠种实景观测点三类果实的比例

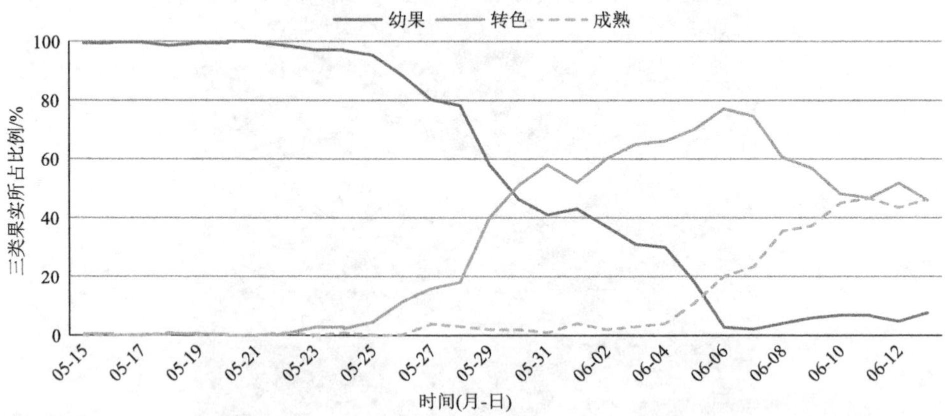

图 5.12　仙居县气象局杨梅观测田荸荠种实景观测点三类果实的比例

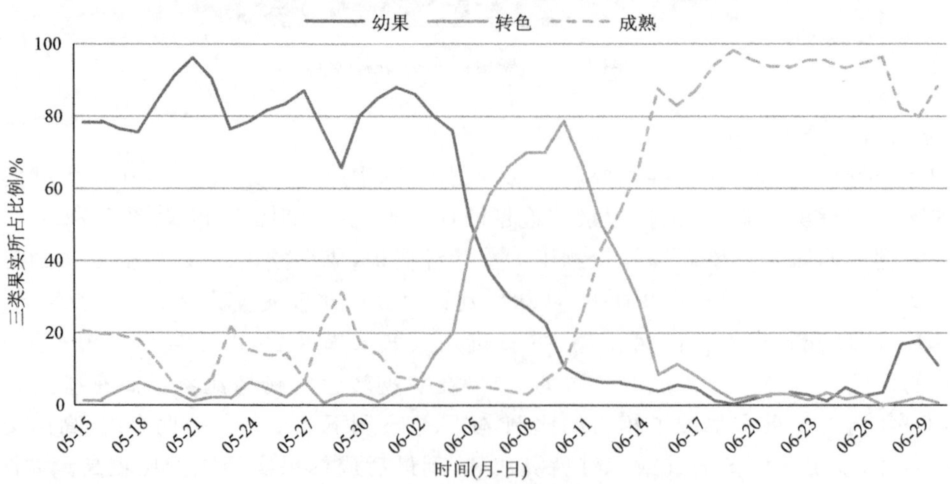

图 5.13　路口实景观测点三类果实的比例

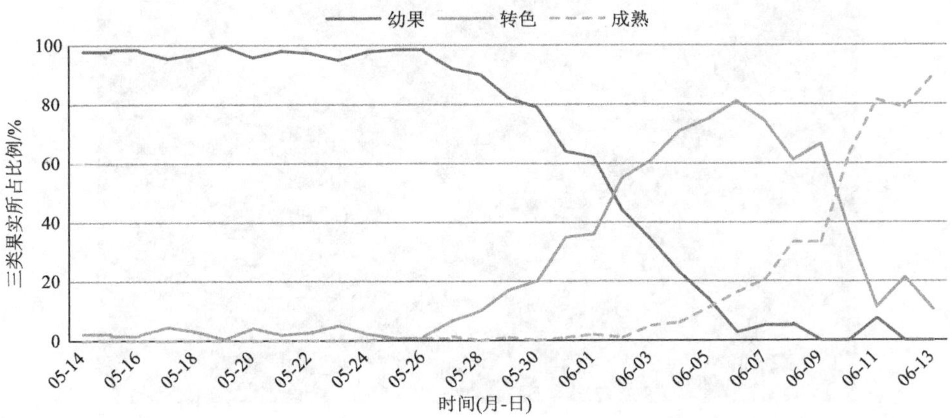

图 5.14　下叶杨梅基地实景观测点三类果实的比例

(9)2023 年识别结果与专家判别对比

对 2023 年各实景观测点的杨梅果实物候期进行对比统计，如表 5.3。从表可以看出，绝大部分日期判断是正确的，而且误差为 0 的个数达 20 个，占比达 62.5%；农业气象是隔天观测一次，相差一天也是完全正确的，占 75%；相差 3 d 及以内的占 91%。其中误差最大的是景星岩的成熟期，由于基地管理较差，结果量大，识别出来的基数比较大，百分比会有所差别(图 5.15)，船山的成熟盛期，由于采摘比较及时，树上挂的成熟果始终不多，达不到 30%，导致成熟盛期偏迟。

表 5.3　2023 年杨梅果实识别与专家判别对比

观测地点	自动识别				专家判断				误差			
	转色 10%	转色 50%	成熟 10%	成熟 30%	转色始期	转色盛期	成熟始期	成熟盛期	转始	转盛	熟始	熟盛
路口	6 月 3 日	6 月 5 日	6 月 10 日	6 月 12 日	6 月 3 日	6 月 5 日	6 月 10 日	6 月 13 日	0	0	0	1
船山	5 月 29 日	5 月 31 日	6 月 11 日	6 月 20 日	5 月 29 日	5 月 31 日	6 月 11 日	6 月 15 日	0	0	0	5
谷坦	6 月 12 日	6 月 14 日	6 月 16 日	6 月 18 日	6 月 9 日	6 月 11 日	6 月 16 日	6 月 18 日	−3	−3	0	0
坎头	5 月 31 日	6 月 2 日	6 月 5 日	6 月 6 日	5 月 31 日	6 月 2 日	6 月 7 日	6 月 9 日	0	0	−2	−3
西炉	5 月 12 日	5 月 13 日	5 月 18 日	5 月 21 日	5 月 10 日	5 月 13 日	5 月 19 日	5 月 21 日	2	0	0	1
本站	5 月 26 日	5 月 29 日	6 月 5 日	6 月 8 日	5 月 26 日	5 月 28 日	6 月 5 日	6 月 8 日	0	1	0	0
景星岩	5 月 30 日	6 月 1 日	6 月 17 日	6 月 23 日	5 月 30 日	6 月 1 日	6 月 13 日	6 月 18 日	0	0	4	5
下叶	5 月 28 日	5 月 31 日	6 月 5 日	6 月 8 日	5 月 28 日	5 月 31 日	6 月 6 日	6 月 8 日	0	0	−1	0

(10)不同拍摄时间的识别效果分析

对 2023 年西炉大棚杨梅的 08 时、11 时、14 时、17 时 4 个时次的拍摄照片识别结果分别统计、分析。各时段拍摄的图片识别结果基本一致。按 10%、30%确定的转色始期、盛期与全天合计确定的完全一样，成熟的始期、盛期只有 11 时拍摄的完全一样，其他 3 个时次有一天的差别。所以 11 时拍摄的图片识别效果最好，如图 5.16。

图 5.15 景星岩杨梅果实识别结果

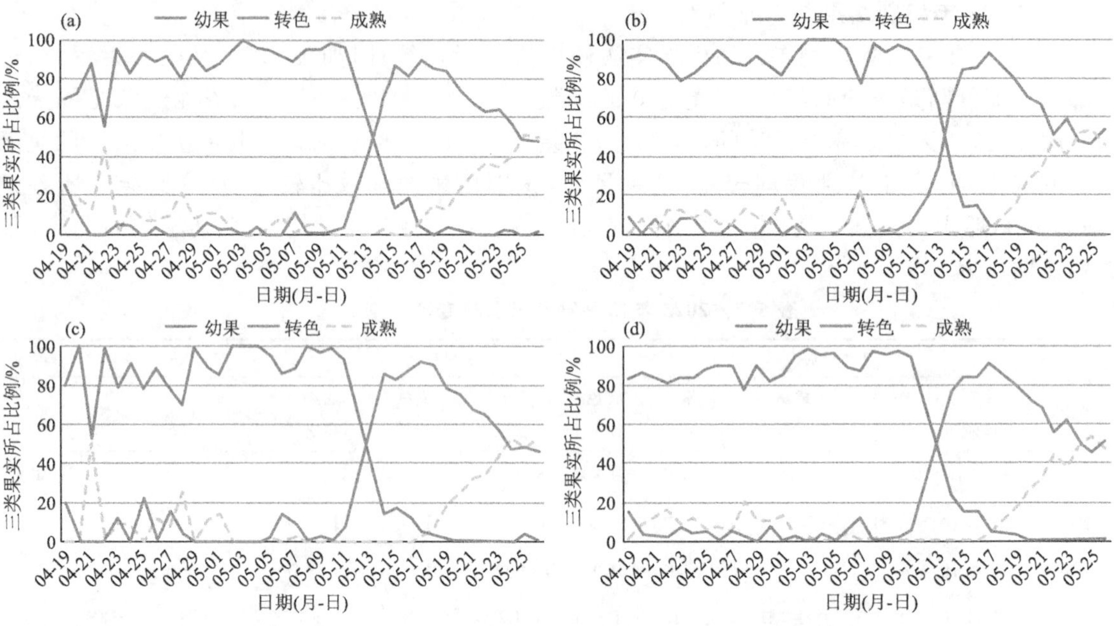

图 5.16 西炉大棚杨梅不同时间拍摄图片识别结果对比

(a)08 时,(b)11 时,(c)14 时,(d)17 时

(11)果实大小的计算方法

选择 2023 年西炉大棚杨梅的 11 时拍摄的图片识别结果,分别计算杨梅果实的纵、横径像素,再根据标定图片的像素比例,计算杨梅果实的大小。从 4 月 19 日开始,杨梅果实识别的结果已比较稳定,至 5 月 19 日,杨梅成熟采摘已过半,这阶段果实大小可以很好地反映果实生长及膨大阶段大小的变化规律。从如图 5.17 可以看出,从 4 月 19 至 5 月 7 日,果径生长缓慢,处于硬核期,之后果实开始膨大,并且横径增长的速度大于纵径,至成熟采摘时,纵横径已比较接近。

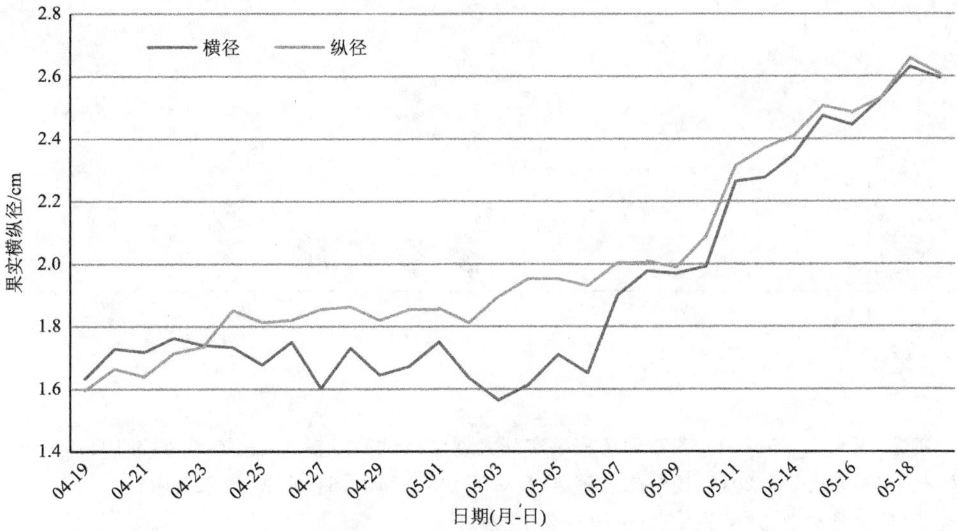

图 5.17　西炉大棚 4 月 19 日至 5 月 19 日杨梅果实纵横径变化

参考文献

柴春燕，华建荣，王天飞，等，2005. 荸荠种杨梅果实膨大期灌溉试验[J]. 中国南方果树，34(3)：35-36.

金志凤，姚益平，梁森苗，等，2013. 杨梅冻害等级：QX/T 198—2013[S]. 北京：气象出版社.

王明生，2005. 仙居县林业志[M]. 北京：中国林业出版社.

浙江省气象局，2010. 浙江省气候图集[M]. 北京：气象出版社.

朱寿燕，尹先龙，金志凤，等，2011. 基于 GIS 的台州杨梅气候生态区划[J]. 中国农业气象，32(S1)：165-168.

朱寿燕，沈伟兴，龚丹红，等，2022. 杨梅老树更新复壮生长情况调查[J]. 果树资源学报，3(1)：24-26.

(a)雌花花序出现

(b)雄花花序出现

(c)雌花开花

(d)雄花开花

(e)叶芽开放期

(f)展叶期

(g)抽梢期

(h)幼果期

(i)发白期

(j)可采成熟期

图 2.1　物候图谱